知って防ぐ！

食品・食品製造施設を

カビからまもる!!

その知識と対策

-監修-

NPO 法人カビ相談センター
理事長
高鳥　浩介

公益財団法人東京都予防医学協会
検査研究センター　学術委員
諸角　聖

公益社団法人日本食品衛生協会

はじめに

カビは都合のよい条件が備わると生えはじめます。それぞれの種類によって異なりますが生えるには湿度、温度、酸素、栄養分などが重要です。食品は栄養分が多く、そこにカビにとって都合のよい温度や湿度が加わると、たちまちのうちに生えはじめ、問題を起こすことになります。

そのカビの生えた食品が何らかの形で販売されたり、販売時には確認されなかったカビが購入後に汚染していることがわかると、それこそ消費者の信用を失います。

このところの報道でも知るとおり、カビの発生原因が製造側にあった場合、新聞などでのお詫び掲載、製造環境の改善や見直しだけではなく消費者に不信感を与えます。

こうしたカビ被害を防ぐには、カビを持ち込まないこと、増やさないこと、除去すること、死滅させることが制御の基本にして最重要課題です。しかし、食品製造現場で理解していただきたいのは、カビをその製造環境からすべて死滅させることは非常に困難であるということです。カビは生活環境のどこにでもいる微生物であり、それを製造環境から完全に除去するにはよほどの環境整備をしない限り実現できません。

だからといってカビ対策をあきらめてはいけません。まずは食品製造環境のカビ対策を十分に検討し、どの段階でカビを最小限にするかを考えることです。そのためには、それぞれの製造現場をよく把握する必要があります。カビが発生してからとる対策は後手でしかありません。カビは発生する前の衛生対策が極めて重要な生き物です。

さて、ここからが本書の特徴となります。前述したように食品や製造環境にみるカビを、各製造業分野でどう抑えたらよいか具体的に考えていく必要があります。そのためには、まずはカビを知ることです。カビの基本的な特徴、性質、生態、分布、有害性、制御について少しでも理解しておく必要があります。カビを理解することで､食品のカビ汚染を防ぐための土台ができます。しかし、カビを理解できたからといって安心してはいられません。次いで、その理解に基づいてさらに現場での対応を考えていかねばなりません｡特に現場サイドでその対応を知っておくことが重要であり、本書で重視している内容になります。

では、どのように現場対応をすればよいのでしょうか。その内容が本書の多くのページでまとめられています。たとえば、カビ被害事例情報、制御データ、食品汚染カビの実例、製造現場での制御対策、品質管理、具体的な検査などで、いずれも現場に役立つ大切な情報です。

本書は食品や製造環境に関わるカビ対策をなるべく焦点がずれないよう平易にまとめました。この書が多く食品製造の現場の方や食品衛生行政に携わる方のお役に立てば幸いです。

平成27年12月

NPO 法人カビ相談センター
理事長　高鳥 浩介

発刊にあたって

食品の安全性を確保するためには、原材料の生産、食品の製造・加工・調理、流通、販売に携わる方々が、十分な衛生知識と技術をもって衛生管理を行うことが不可欠です。

東京都における食品に対する苦情例をみると年間5,000件あまり届けられており、その内訳は食品により下痢などの症状を呈した疑い、異物混入、食品取扱いや施設・設備に関すること、カビの発生等となっています。最近では、このような苦情を消費者自身がインターネット上にその内容や画像を掲載することで、情報がまたたく間に拡散する例も見受けられるようになってきました。

カビは細菌やウイルスとは異なり、野菜や果物、加工食品において目で確認できる位の大きさに発育するため、異物混入として取り上げられやすいと言えますが、カビの発生が、事業者による自主的な回収に至るケースもあり、消費者の皆様方の信頼を失いかねない問題にもなりかねません。

カビは私たちの生活環境のありとあらゆる場所に存在し、その性質もさまざまなため細菌やウイルスと比較して制御が困難な非常に厄介な存在です。また、少量を食品と一緒に摂取しても健康被害を受けることは考えにくいとされていますが、有益なカビを除き、消費者の皆様方にカビが発生した食品を販売することはあってはなりません。

本書は、カビの生態、摂取による健康被害、予防、制御法について、特に食品製造環境にみられるカビを取り上げ解説しており、食品等事業者をはじめ行政担当者の方々に幅広く大変役立つ内容となっています。本書が安全・安心な食品を消費者の皆様方に提供するため、食品を取扱う方々がカビ対策を徹底して行っていただくための一助となりますよう心より願う次第です。

おわりに、本書の発刊にあたり執筆とともに本書の取りまとめをいただきましたNPO法人カビ相談センター理事長の高鳥浩介先生、ならびに公益財団法人東京都予防医学協会学術委員の諸角聖先生を含め、共同で執筆にあたっていただいた諸先生方に厚くお礼を申し上げます。

平成27年12月

公益社団法人日本食品衛生協会
専務理事　桑﨑 俊昭

監修

高島　浩介　NPO 法人カビ相談センター　理事長
諸角　　聖　公益財団法人東京都予防医学協会　検査研究センター　学術委員

執筆者一覧

高島　浩介　NPO 法人カビ相談センター　理事長
千葉　隆司　東京都健康安全研究センター　微生物部
丸山　弓美　公益社団法人日本食品衛生協会　微生物試験部　主任技師
諸角　　聖　公益財団法人東京都予防医学協会　検査研究センター　学術委員
吉浪　　誠　イカリ消毒株式会社　LC 環境検査センター　微生物検査グループ長

（敬称略　五十音順）

目次

4 カビの生態　28

5 食品と食品製造環境　36

1 カビとは

カビの分類と種類

POINT

❶ 微生物には、ウイルス、細菌、放線菌、真菌（酵母、カビ、キノコ）、原虫がある
❷ 食品で害を伴う微生物の多くは、細菌とカビである
❸ カビの分類は菌糸と胞子の形態で判断する
❹ カビの種類は生え方の特徴により名前がつけられている

1 食品微生物のなかのカビ

食品微生物として重視される仲間に、食中毒の原因となる微生物があります。それはウイルスや細菌です。一部の原虫や寄生虫も食中毒原因微生物です。一方、カビは食中毒原因微生物には入りません。しかし、カビは食品を汚染することとカビ毒で問題になります。

2 カビ　酵母　キノコ

カビと酵母、キノコの違いは主に形です（図1-1、表1-1）。カビは菌糸と胞子を形成し、最終的には汚染が見てわかるほど大きく拡がって粉状または綿状に生えます。一方、酵母は細菌のような単細胞が多く、形はほとんど丸みがかっています。最終的には湿っぽい生え方をする細菌と同じように生え、色は多くがクリーム色です。他方、キノコは、ご存じのとおりの傘状をしていますが、もともとカビと同じで菌糸と胞子を形成します。それがさらに成長するとあの大きな茎と傘ができ上がり、これをカビとよばずキノコといいます。

3 カビの分類

カビの分類は菌糸と胞子の形態で決定します。菌糸は栄養を運ぶ糸です。その糸が単純に伸びるか竹の節のような形で大きくなるかで分類が大きく変わります。前者は生え方の速いケカビの仲間です。後者は着実にしっかり生えていくクロカビ、アオカビ、コウジカビなどです。この仲間は色を特徴とすることが多く、黒、青、赤、黄色などの色を出しながらしっかり生えてきます。カビの分類はこうした菌糸の形態で見分けることが重要です。

4 カビの種類

主に食品に生えるカビは5万種類とも8万種類ともいわれていますが、食品などの汚染で問題になる代表的なカビにはクロカビ、アオカビがあります。また生え方の速いケカビ、クモノスカビ、他には食品の種類によってコウジカビ、アカカビ、カワキコウジカビ、アズキイロカビなどがあります。カビはその生え方の特徴から名前がついています（図1-2）。

図 1-1 カビ、キノコ

イチゴに生えたハイイロカビ

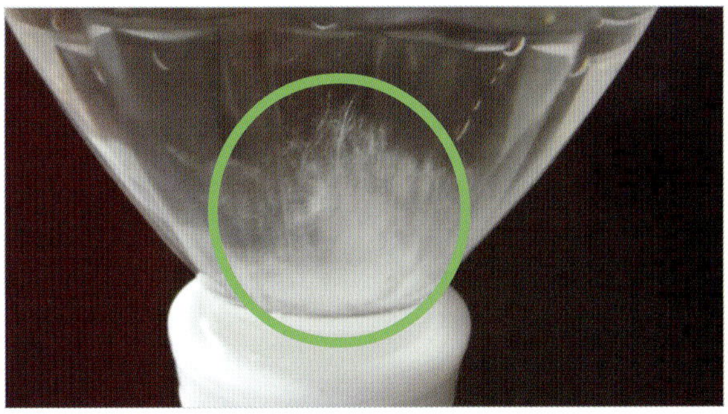
ペットボトルの飲料水に生えたケカビ

繊維に生えた黒色酵母様菌

キノコ

表 1-1 カビ、酵母、キノコの分類

俗　称	例	イラスト（イメージ）
カ　ビ	クロカビ アオカビ ケカビ コウジカビ カワキコウジカビ	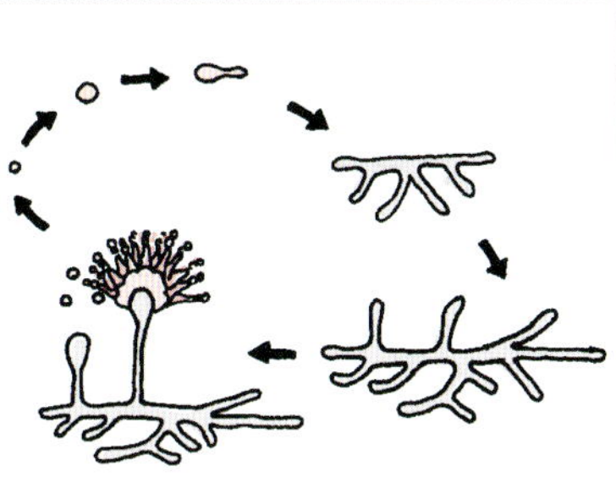
酵　母	ロドトルラ サッカロマイセス	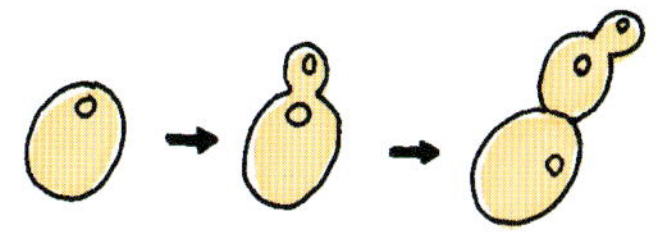
キノコ	マツタケ シイタケ ヒラタケ	

図 1-2 カビは色を特徴とすることが多い

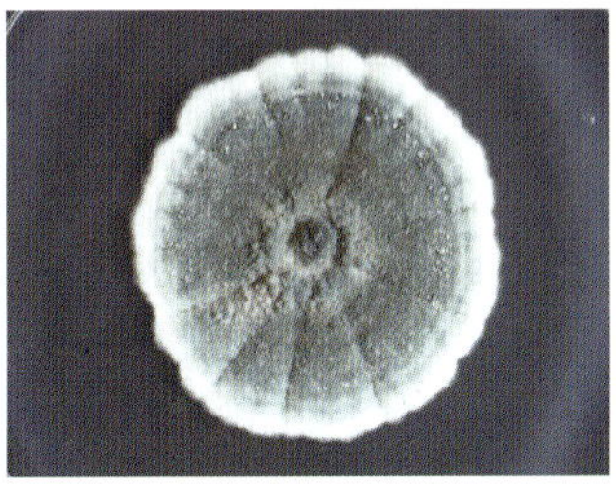
アオカビ

クロコウジカビ

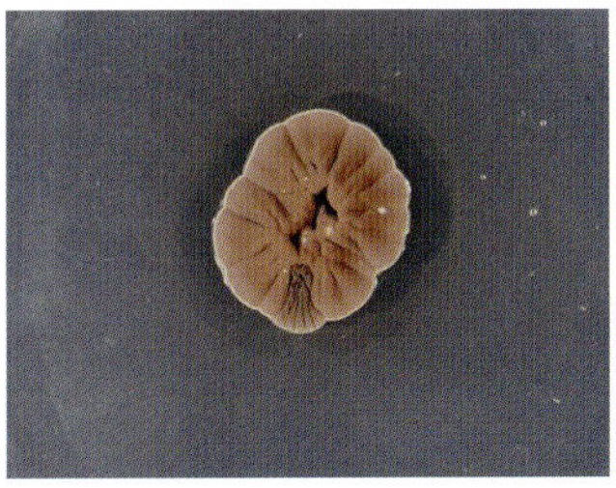
アズキイロカビ

カビの形

POINT

❶ カビは菌糸、胞子形成器官および胞子から成り立っている
❷ カビは菌糸体を形成し、糸状の細胞（菌糸）を伸ばして成長するため糸状菌とも呼ばれる
❸ カビは大きく拡がる、色をもつ、粉状か綿状となる、ものの表面で生えるという特徴をもつ

1 カビの菌糸

カビは主に菌糸、胞子形成器官および胞子からなっています。菌糸は約3～10 μm 程度の太さで、主に栄養分を運ぶ役を担っています（図1-3）。菌糸は栄養分や水分を補給しながら生えていき、ものの表面、空気中や液体中、さらにはものの内部にも伸びていきます。そうして伸びた菌糸は古くなると死滅し、新しく形成された菌糸がその後を引き継いでいきます。ちょうど菌糸の先端はトンネル堀りのような存在ともいえます。ですから菌糸の役目はカビの発育にとって重要です。

2 胞子の形

胞子は子孫を残す大事な役割を担っていますが、その形がとても多様でユニークです。大きさは不定ですが、多くは3～10 μm 程度です。しかし、なかには数十μm と大きいものもいます。その形は、単細胞の球形、楕円形が多く、また種によっては多細胞性でトックリ形、三日月形、紡錘形などさまざまです（図1-4）。環境に見合った形の胞子をつくることがカビを高等な生物とするゆえんです。無色の胞子もありますが、黒、赤、黄、茶、橙、紫、黄金色などの色をもつ仲間もいます。

3 カビの特徴

食品に生えるカビの特徴は肉眼では次のように見えます（図1-5）。

1）生えると大きく拡がる
2）さまざまな色をもつ
3）粉状か綿状となる
4）ものの表面で生える
5）乾いた状態で生える
6）種類によるが、ほとんどのカビは何らかの臭気をもつ

図 1-3 カビの菌糸

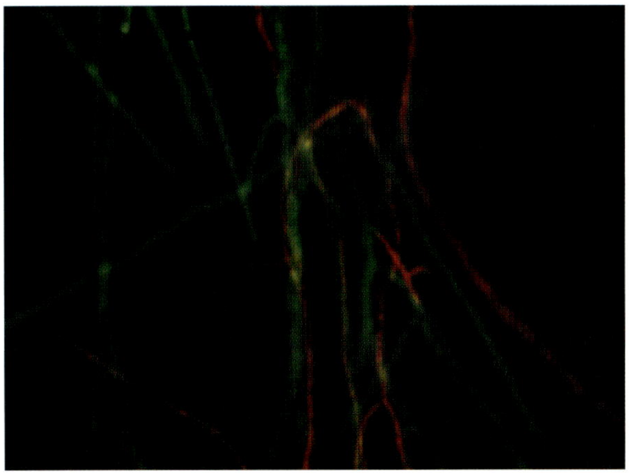

クロカビの菌糸

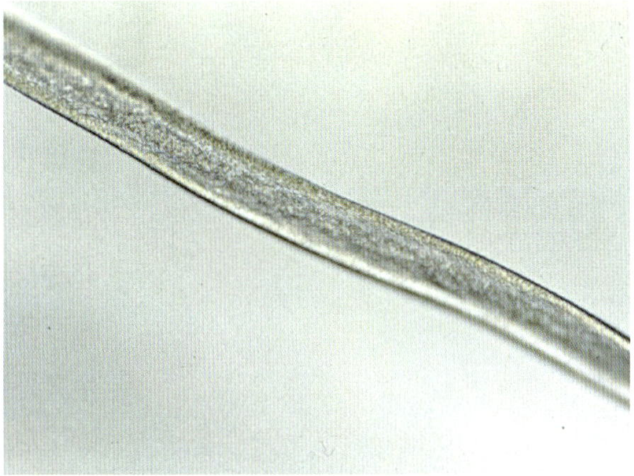

クモノスカビの菌糸

図 1-4 カビの胞子

ススカビ

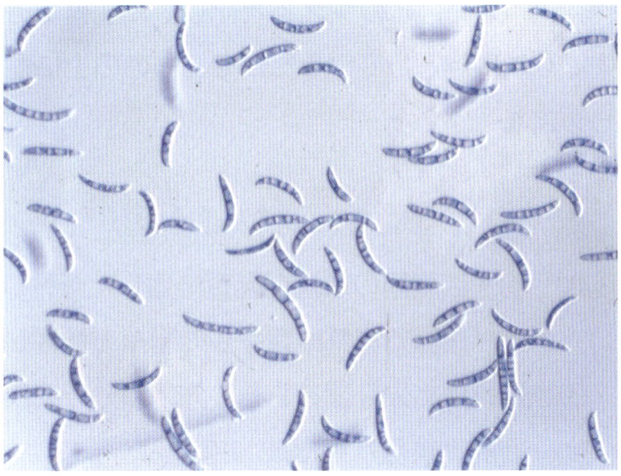

アカカビ

図 1-5 カビの集落

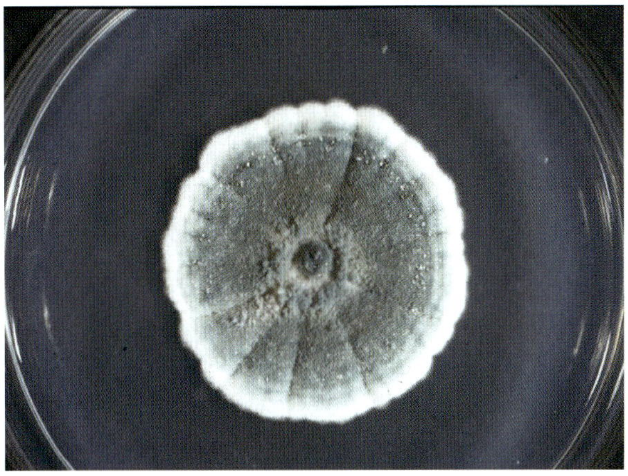

アオカビ

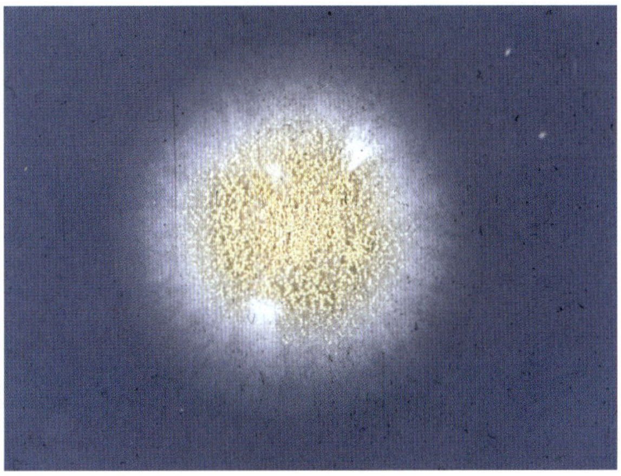

コウジカビ

カビが生える

POINT

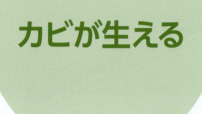

1. カビの発育には栄養分、水分、温度、酸素、pHなどの諸因子が影響する。これらの条件が整えばカビの胞子は発育をはじめるが、これらの因子のどれか1つでも不適当な条件であるとカビは発育できない
2. 発育は胞子から発芽により菌糸を形成し、さらに胞子を産生するサイクルをもつ（ライフサイクル）
3. 生えた後のカビは、どのような環境にも適応できる強力な姿になりやすい

1 カビはものの表面で生える

カビが生えるところは多くがものの表面ですが、液体中でも生える仲間もいます。

空気中でもカビが生えると記述した成書もあるようですが、そのようなことはありません。空気中では単に浮遊しているだけで、ものの上に落ちた場合、そこが発育に適した条件であると生えはじめます（図1-6、1-7）。

2 カビのライフサイクル

A）胞子は周囲の環境が発育に適した条件、すなわち栄養分があり、水分、温度、酸素、pHなどが適当であれば発芽して菌糸を伸ばします。

B）菌糸は丈夫な壁をもち、先端部分で成長し、分岐しながら周囲に伸び、2～3日で目に見える塊（集落）を形成します。一般に、この頃から胞子（無性胞子）をつくりはじめ、成長するにしたがって膨大な量の胞子を形成します。

C）一部のカビは条件が整うと有性生殖を行います。その結果、複雑な構造の子実体が形成され、その内部で有性胞子がつくられます。

D）形成された無性胞子、有性胞子のどちらも丈夫な殻に包まれているため、外部の環境変化に対して抵抗性があります。

3 生えた後のカビの形

胞子から菌糸を形成し、さらに胞子を形成するライフサイクルの間に、カビの菌糸は異常な形態に変化することがあります。この現象はカビ自体が外圧に屈しないよう抵抗した形となっていると理解したほうがよく、培養でみるような単純な菌糸形態ではありません。この菌糸は薬剤や乾燥などに抵抗するために、通常とは異なる野性的な形態となります。そのため、カビが生え、発育してからでは抑えることが難しくなります。

図 1-6 カビの発育過程

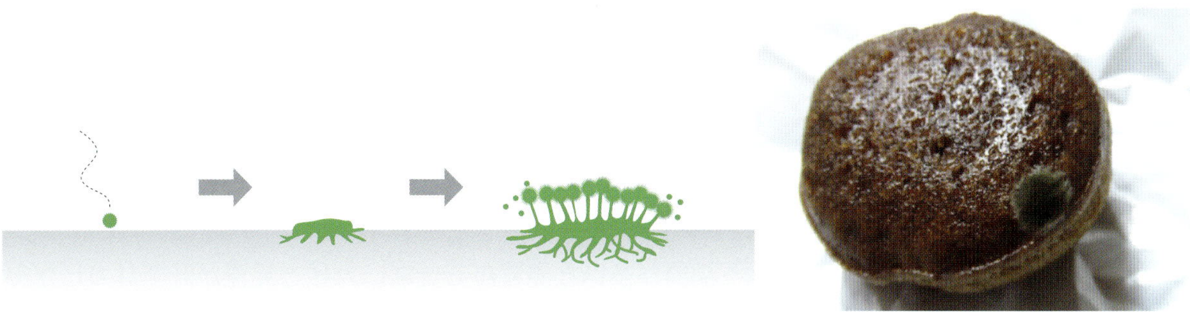

胞子が落ちる　芽を出す　生える　カビが生えた状態

図 1-7 食パンについたアオカビ、クロカビが室温下で生えていく様子

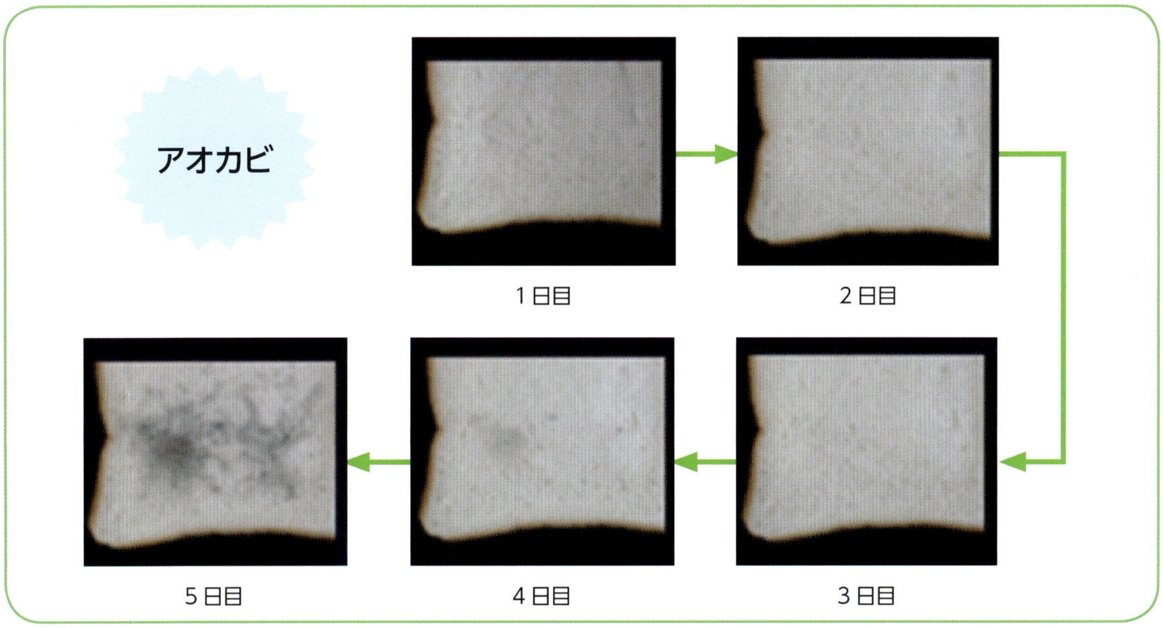

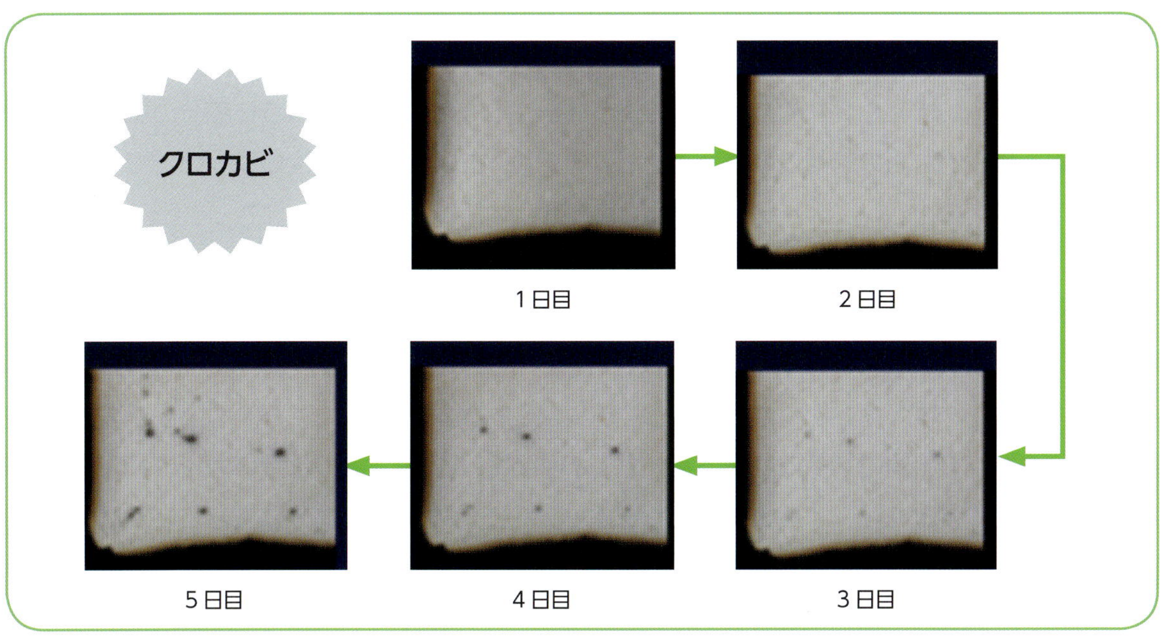

2 カビが生えるためには

栄養分

POINT

1. カビが生えるためには何らかの栄養分が必要である
2. カビにとって糖質がもっとも重要で、次いでタンパク質や脂質も必要とする
3. 糖質が多いと発育ができないカビと発育が旺盛なカビがみられる

1 カビの発育には栄養分が必要

カビが胞子の発芽から菌糸形成するには栄養分を必要とします。食品は常に栄養分が多く、カビにとって生えやすいものです。また、身の回りをみてもどこにでも栄養分はあります。つまりカビは環境さえ整えばその周辺にある栄養分を吸収しながら、時間の速い遅いはありますが生え続けることができるのです。

2 糖質

微生物の多くは糖質をエネルギー源としますが、なかでもカビがもっとも糖を利用しています。単糖類のブドウ糖などを利用してエネルギーを補給し、細胞を構築し、菌糸を伸ばし続け汚染を拡げていきます。糖は栄養分として重要ですが、多ければよいということではありません。ほどほどの甘さ、たとえば数～10％程度の甘さが発育にもっとも適した濃度です（図 2-1）。

3 糖が多すぎると

糖を好むカビでも高糖になると、多くは生えることができなくなります。高糖では浸透圧が高くなるため､それに適応できるカビは非常に少なくなります。そこで甘いものに生える好稠性カビ(好乾性カビ）が活躍します。具体的にはようかん、甘納豆、ジャムなどのように糖分の多い食品を好むカビです。代表的なものはカワキコウジカビ、アズキイロカビ、好乾性コウジカビです。

4 タンパク質､脂質､塩分､無機質などを好むカビ

糖質以外の成分としてタンパク質、脂質、塩分、無機質などが食品に含まれていますが、これらの成分を好むカビがいます（図 2-2）。タンパク質を好むカビでは穀類、魚、卵、肉を分解する酵素をもつものがいます（表 2-1）。脂質を分解するカビもいます（表 2-2）。ほどほどの塩分を好む種類もあります。無機質の多少で生え方を左右する仲間もいます。このようにカビの種類によってはかなり特異的に養分を要求することがあります。このことは食品の成分に依存してカビが生えることを意味しています。

図 2-1 グルコース濃度による集落の直径

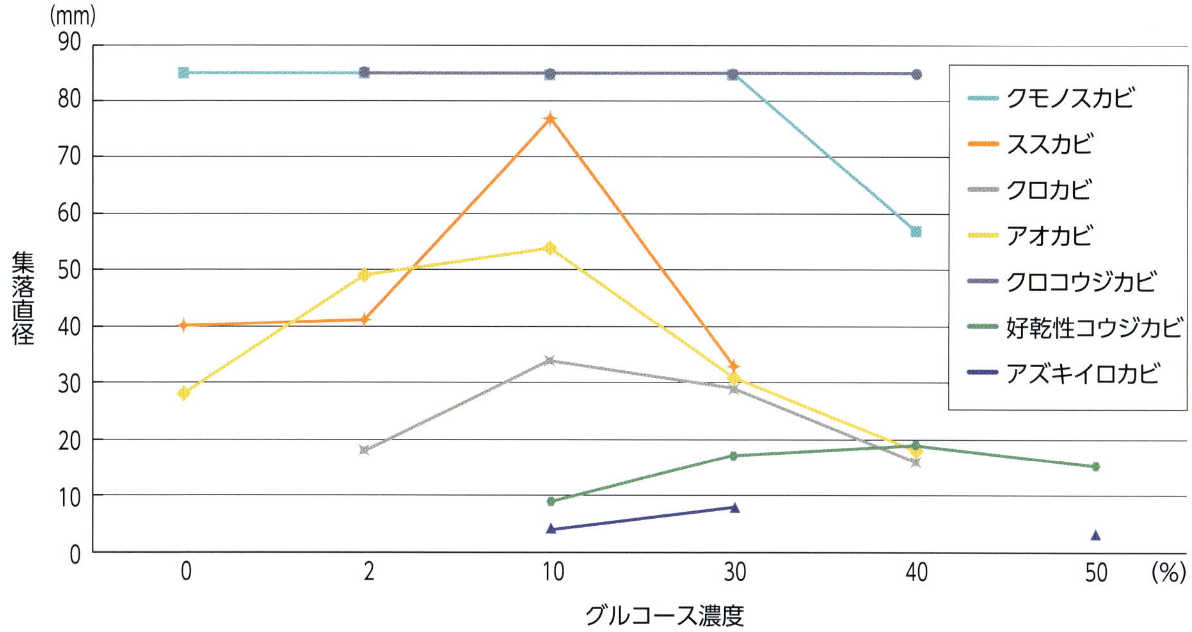

図 2-2 脂質、塩分を好むカビ

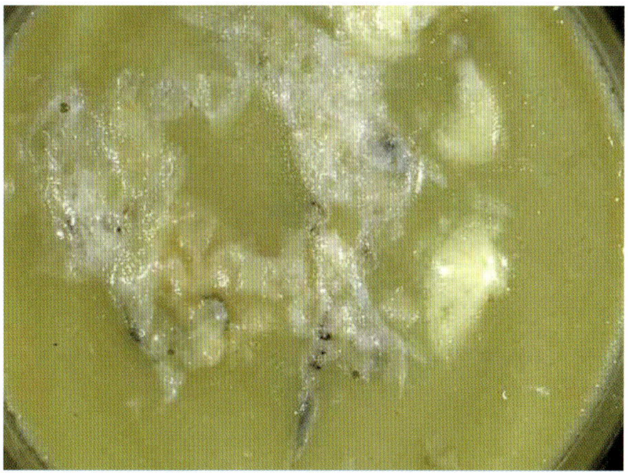

バターに生えたクロカビ

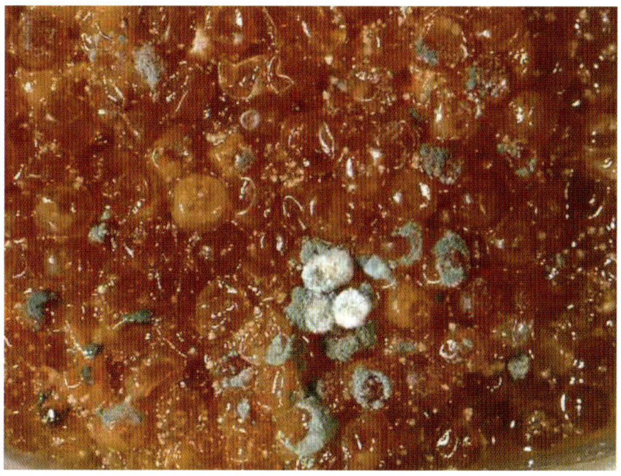

塩蔵食品に生えたアオカビ

表 2-1 タンパク質を分解するカビ

コウジカビ、アオカビ、クロカビ、スコプラリオプシス、ペシロマイセス、アカカビ、ススカビ、アクレモニウム、ミルク腐敗カビ、黒色酵母様菌、エピコッカム、モニリエラ、エクソフィアラ、スコレコバシディウム、フミコラ、ペスタロチオプシス、トリコテシウム

表 2-2 脂質を分解するカビ

ニグロスポラ、スポロスリックス、フォーマ、クロカビ、ケタマカビ、アクレモニウム、アオカビ、モニリエラ、スコプラリオプシス、ツチアオカビ、ベニコウジカビ、カーブラリア、ススカビ、アカカビ、ミルク腐敗カビ、スタキボトリス

湿度、水分活性、含水量

POINT

1. 湿度、水分活性、含水量がカビの発生を左右する
2. 環境の湿度が約65%以上で生えはじめる
3. 水分活性約0.65以上で生えはじめる
4. 含水量10%以上で生えはじめる
5. 湿度、水分活性、含水量の程度によりカビの生え方が異なる

1 湿度、水分活性

水は細胞内外の酸素、栄養分などを運搬する役割を担っていることから、生物は水分のないところでは発育はおろか生命さえ維持できません。微生物も当然同じです。

市販食品から分離されるカビの多くは細菌に比べ低い水分活性値で発育可能であり、なかでも図2-3、表2-3に示すように好乾性カビと呼ばれるカワキコウジカビやアズキイロカビなど一部の乾燥を好むカビは湿度が約65%付近、水分活性が約0.65付近でも発育することができます。

苦情例の多い半生菓子を保存してカビ発生の有無をみた結果でも、汚染菌数よりむしろその食品の水分活性による影響が大きいようにみられます。これらは、加工食品におけるカビの発育を左右するうえで食品中の水分活性が重要な因子となっていることを示しています。水分活性が高くなるほど増殖可能な微生物が増加するため、増殖防止対策をとらずにそのままの状態で室温に放置した場合は、水分活性値と食品の日持ち日数は相反する値をとることも明らかにされています。

カビの発育可能な湿度と水分活性の範囲は一定ではなく、栄養分、温度、pHなどに影響されます。また、カビの発育できない水分活性の食品であっても、その周りが高湿になるとカビが発生することがあります。

2 含水量

食品に含まれる含水量はカビが発生する数値の目安として重要です。通常乾燥している状態の食品は含水量10%以下です。その数値ではカビは生えることができません。逆に10%を超えるとカビが発生します（表2-4）。乾燥食品や干物は10%以下の含水量ですが、梅雨時のような気候では乾燥食品も次第に水分を含んできます。そのような状態では10%以上の含水量になることがあり、カビが発生しやすくなります。

図 2-3 カビが生えやすい湿度（RH: 相対湿度）

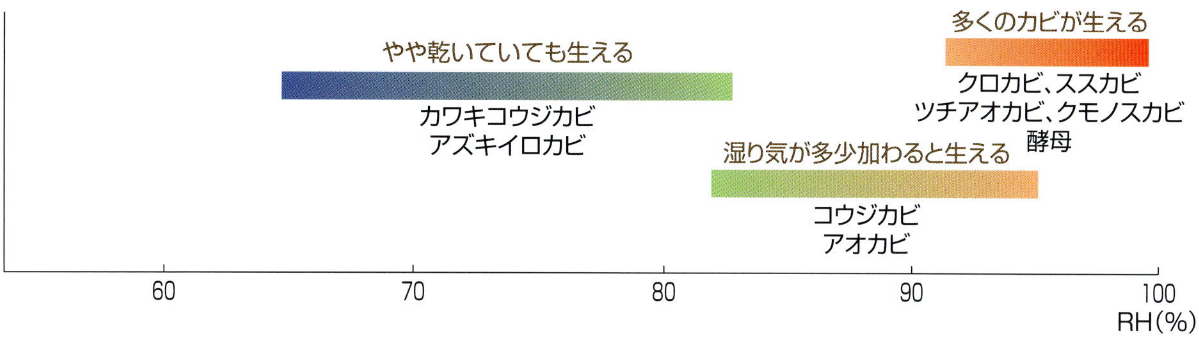

表 2-3 食品の水分活性の一例と生育可能な微生物

水分活性（Aw）	食品の例	生育可能な微生物（最低 Aw）
0.95	40% のしょ糖または7% の食塩を含む食品 ハムなどの食肉製品、アジの開き、食パンの内部	グラム陰性桿菌、ボツリヌス菌、クモノスカビ、ケカビ
0.91	55% のしょ糖または12% の食塩を含む食品 塩たらこ、ドライハム、チーズ、塩サケ、スポンジケーキ	球菌、バチルス、乳酸菌、クロカビ、ススカビ、酵母
0.87	65% のしょ糖または15% の食塩を含む食品 シラス干し、長期熟成チーズなど	
0.80	ジャム、ママレード、フルーツケーキ、一部の穀粒、イカ塩辛など	コウジカビ、アオカビ
0.75	26% の食塩を含む食品、ジャム、半生菓子	アズキイロカビ
0.70	穀粒、ハチミツなど	カワキコウジカビなどの好乾性カビ
0.65		高浸透圧耐性酵母、好乾性カビ
0.60	ドライフルーツ、キャラメル	微生物は生育できない

出典：Corry, E. J .: *Food and Beverrage Mycology*, Beuchat, L.R. ed., 45-82, 1978, Avi Publishing Co., Coneticut.

表 2-4 カビの生える含水量

含水量	生育可能なカビ
≧ 20～25%	ケカビ、クモノスカビ、黒色酵母様菌、ツチアオカビ、エクソフィアラ、フォーマ、アクレモニウム
≧ 18～20%	ススカビ、カーブラリア、アカカビ、ケタマカビ、スタキボトリス、アカパンカビ、ミルク腐敗カビ
≧ 15～16%	クロカビ
≧ 14%	コウジカビ、アオカビ、ペシロマイセス、スコプラリオプシス
≧ 12%	好乾性カビ（カワキコウジカビ、アズキイロカビ、ゼロマイセスなど）
10% ≧	ほとんどのカビは生えない

コラム

水分活性（Aw）

空気中に含まれる水分は湿度で表すことができます。しかし、食品などの物質中の水分はデンプン、塩、糖などの食品成分と結合したり、それらを溶解させたりしているため、食品中の水がすべて微生物の利用可能な水とは限りません。食品成分などと結びつきが弱く組織の隙間などに存在している水は自由水と呼ばれますが、微生物は物質と結合している水や溶解水を利用することができないため、増殖は自由水の量に大きく影響されます。

食品を容器に入れて密封すると、食品中の水分が蒸発して密封容器内はその温度における相対湿度となります。このとき、蒸発可能な水、すなわち自由水の量が多いほど相対湿度が高くなることから、この値が食品中の自由水量のバロメーターといえます。

このときの密閉容器内の相対湿度を100で除した値を水分活性値としています。各種微生物の発育可能な最低水分活性値は、すでに多くの研究者により調べられており、その食品の水分活性値がわかれば、そこにどのような微生物が生育できるのかを予測することもできます。

温度

POINT

1. カビの生えやすい温度域は20℃台にある
2. カビの多くは30℃台で活性が低下する
3. 40℃以上の高温下ではカビは死滅しやすい
4. カビは冷蔵状態（10℃以下）で発育し、冷凍状態（－15℃以下）では発育しないままじっと生き続ける

1 カビのもっとも生えやすい温度域は20℃台

環境に分布するカビの多くは20℃台がもっとも発育しやすいといえます（図2-4、2-5）。よく事故を起こすクロカビ、アオカビはいずれもこの温度域を好みます。この温度域から外れるとカビの活性は低下します。

2 30℃台では生え方が鈍る

30℃台になると胞子の発芽は起こりますが、その先の菌糸形成が著しく鈍ってきます。やがて元気さがなくなりそのまま発育しなくなります。環境にみる多くのカビは細菌と異なり、30℃以上では発育できなくなります。

3 40℃以上では生えることが困難となる

さらに高く40℃以上になると、高温性カビを除いて発育ができません。むしろ次第と死滅しはじめます。カビの多くは熱に対して感受性が高く、死滅しやすいことがわかります。

40℃台で生えるカビを高温性カビまたは耐熱性カビといいます。この種のカビは高温環境で生存でき、加熱処理した食品で事故を起こすことが知られています。

4 冷蔵（10℃以下）ではゆっくり生える

冷蔵状態では多くのカビはゆっくりと生えます。冷蔵庫での食品事故にみられるように数週間かけて生えていきます。冷蔵庫ではカビが生えないと思う人がいますが、それは誤った理解です。

5 冷凍（－15℃以下）では死滅することなくじっと生き続ける

冷凍下では胞子は死滅することなくじっと生き続けます。つまり冷凍下ではカビは冬眠状態となります。しかし、冷凍した食品の解凍と同時に生えはじめ、時折カビ事故が発生します。

図 2-4 カビが生えやすい温度域

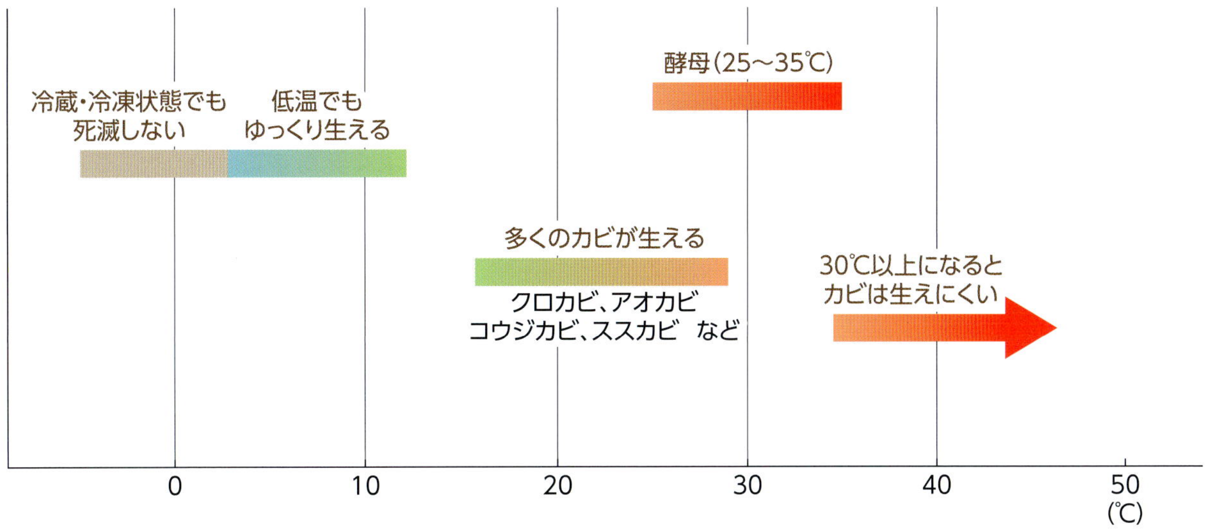

図 2-5 食品から分離されたカビの発育温度域

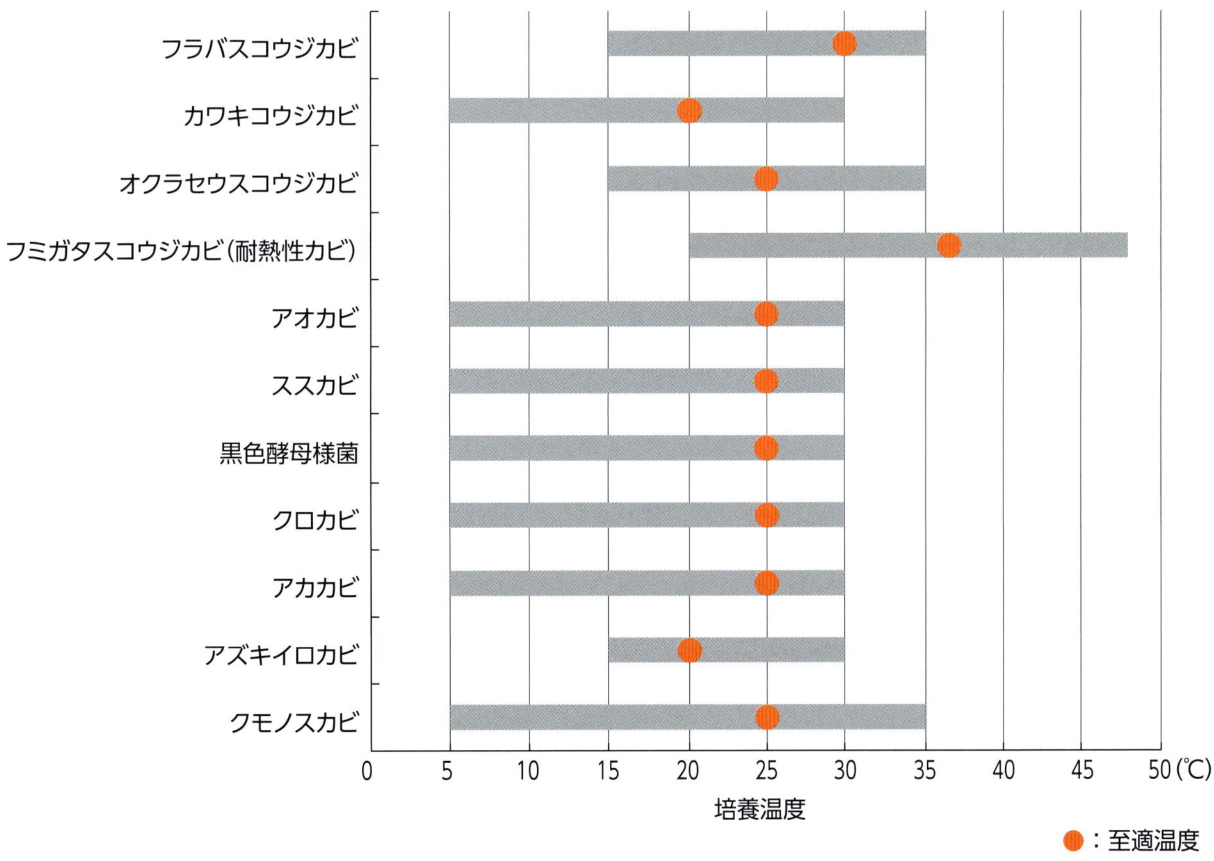

酸素、pH

POINT

1. 酸素がなければ発育できない
2. 酸素濃度が0.1％以下になると生えることができない
3. 弱酸性域（pH 4～6）でよく発育する
4. 発育範囲は、ほぼ pH3 ～ 9にある

1 好気性のカビ

カビは好気的な条件でなければ発育することができません。食品でのカビ汚染事故はほとんどが食品の表面に生えたカビによるものです（図2-6）。これは酸素が十分あるからです。また、これまでの調査結果によると包材のピンホールや溶封不良、商品流通が長期に及んだことにより容器包装内に空気が入ったためにカビ発生事故につながったケースが多いことがわかっています。

2 発育限界の酸素濃度は0.1％

カビの生育に必要な酸素濃度の下限値は0.1％と考えられています。空気中の酸素濃度は約21％です。その濃度が下がっていってもカビは生えることができます。ただし、その生える速さや生え方が弱くなります。その限界が約0.1％です。

この性格を利用した脱酸素剤、窒素ガス・炭酸ガス置換法や真空包装が効果的なカビ汚染防止法として活用されています（P.60参照）。

なお、酵母はさらに微量の酸素濃度でも発育可能なため、ガス置換法などによる制御は難しいといえます。

3 至適pH

カビの代謝活性は周囲の pH 環境に直接影響を受けます。カビの発育が旺盛な pH はおよそ弱酸性域にあり、pH 4～6が至適 pH です（図2-7）。食品の多くはその域にあるものが多く、その意味では食品はカビが生えやすいといえます。

4 pHの発育範囲

発育限界は一般に酸性の強い pH 3からアルカリの強い pH 9前後の範囲にあります。酢、ソース、マヨネーズなどの酸性食品ではモニリエラなどがよく事故を起こすことが知られています。

図2-6 カビは酸素要求性が強く食品の表面でよく発生する
(まんじゅうに発生したアズキイロカビ)

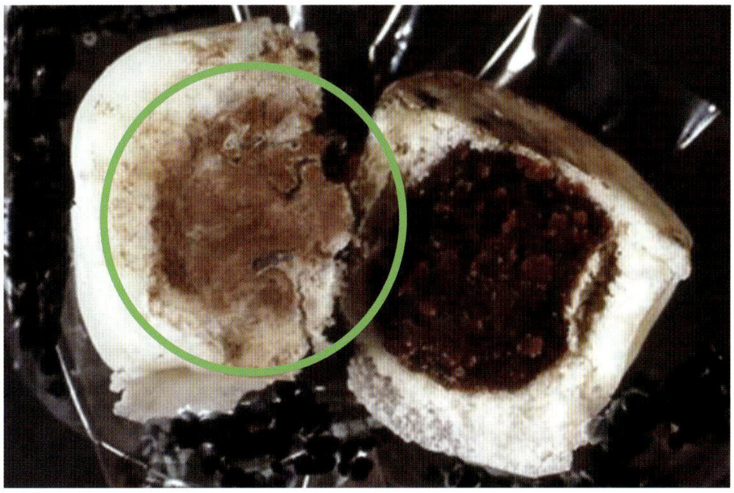

図2-7 カビの発育可能pH域

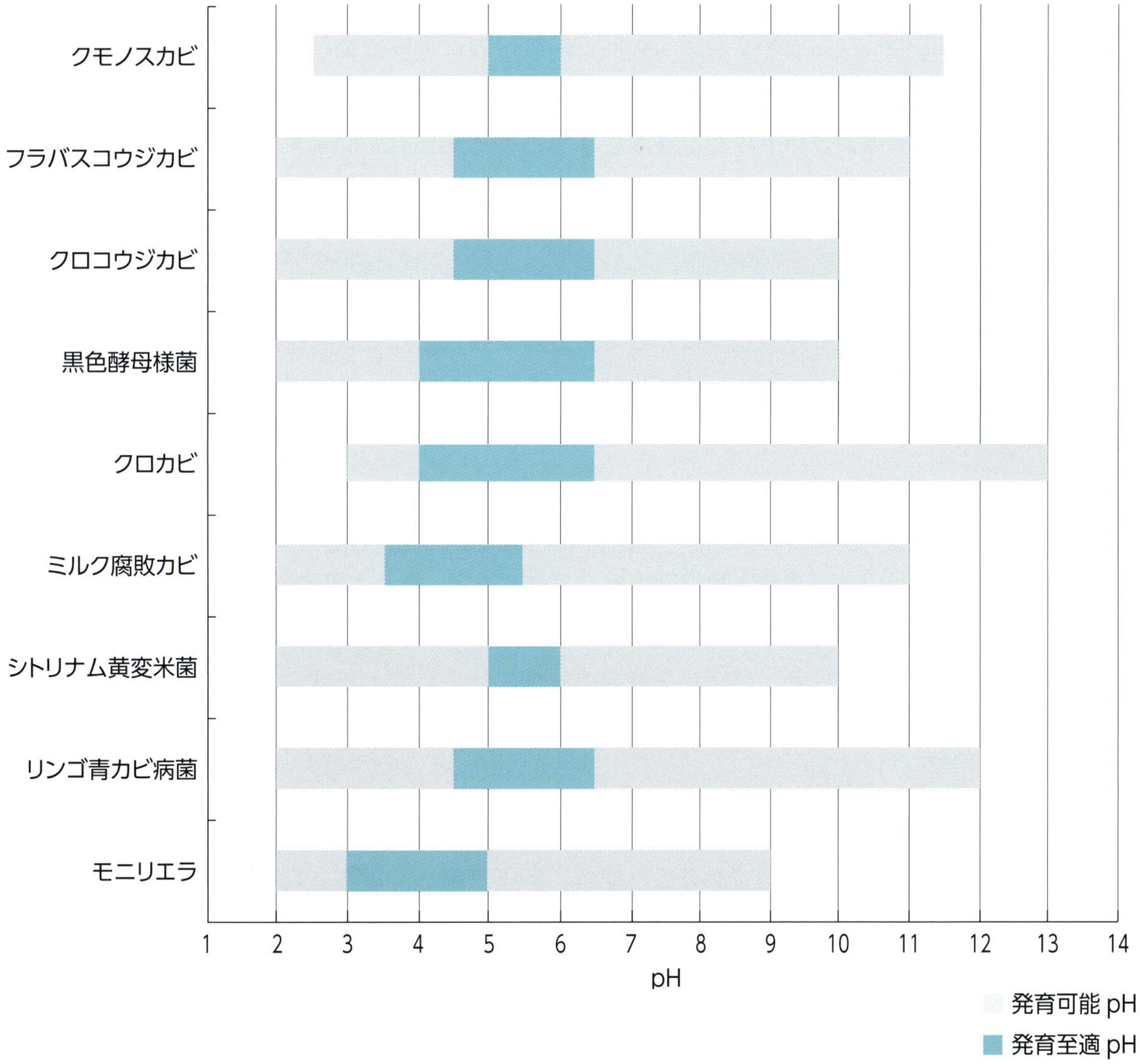

3 カビの代謝物

カビ毒

POINT

1. カビ毒を産生する代表的なカビは、コウジカビ、アオカビ、アカカビの３属
2. ３属のすべてのカビがカビ毒を産生するわけではない
3. カビ毒の多くは、加熱しても分解されない
4. わが国でのカビ毒規制はアフラトキシン、パツリン、デオキシニバレノールに限られる
5. カビ毒による健康被害は少量のカビ毒を長期間摂食することにより起こる場合がある

1 カビ毒

カビ毒とはカビが産生する生体に有害な代謝物で多くは低分子です。その特徴は、主に長期間摂食することで生体に何らかの障害を及ぼすことです。カビ毒として知られる種類はおよそ150種ありますが、生体に何らかの危害を及ぼす可能性の高いカビ毒は限られます（表3-1）。

なお、これらのカビがすべてカビ毒を産生するわけではありません。たとえばフラバスコウジカビは最強のカビ毒であるアフラトキシンを産生することで知られていますが、すべてのフラバスコウジカビが産生するわけではありません。

2 カビ毒の性質

カビ毒の多くは煮たり茹でたり焼いたりしても分解することができません。加熱食品でもカビは死滅してもカビ毒は残ったままです（図3-1）。カビ毒の低減化への対策としては、カビ汚染を防ぐことが重要です。

3 慢性毒性

食品に含まれる微量のカビ毒を１回程度摂食しても、通常、急性中毒を起こすことはありません。カビ毒で重要なことは少量のカビ毒を長期間摂食することによる慢性毒性です。習慣的に食べているものがカビ汚染していないか、日頃から食品の管理に注意してください。

4 わが国での規制

わが国では2015年10月現在、3種類のカビ毒が規制されています（表3-2）。特にアフラトキシンは天然発がん物質として最強であることから、各国で厳しく規制されています。また、リンゴ果汁や小麦に対してパツリンやデオキシニバレノール（DON）が規制されています。今後、カビ毒の規制が強化されることが予想されています。

表 3-1 主要なカビ毒とその産生カビ

カビ毒	主な産生カビ	健康被害	主な汚染食品・飼料
アフラトキシン B_1, B_2, G_1, G_2	フラバスコウジカビ アスペルギルス・パラジティカス アスペルギルス・ノミウス	肝障害、肝硬変、肝癌	米、麦、トウモロコシ、ピーナッツ、ナッツ類、綿実
アフラトキシン M_1	フラバスコウジカビ アスペルギルス・パラジティカス	肝障害	乳、チーズ
ステリグマトシスチン	ベルジカラーコウジカビ アスペルギルス・ニデュランス	肝障害、肝癌	米、トウモロコシ、雑穀
オクラトキシンA	オクラセウスコウジカビ ペニシリウム・ビリディカータム	肝ならびに腎障害、生殖障害、肝癌、肺腫瘍	麦類、トウモロコシ
イスランジトキシン	イスランジア黄変米菌	肝障害	米、穀物
パツリン	リンゴアオカビ病菌 アスペルギルス・クラバタス	腎障害、嘔吐（急性胃腸炎）、角質増殖症	麦芽根、小麦、リンゴ果汁
シトリニン	シトリナム黄変米菌	腎ネフローゼ症候群	穀物、米
デオキシニバレノール	ムギアカカビ病菌	胃腸障害、臓器出血、造血機能障害	トウモロコシ、麦類、その他穀物
フモニシン	トウモロコシアカカビ病菌	灰白質脳症	トウモロコシ

図 3-1 カビ毒の産生過程

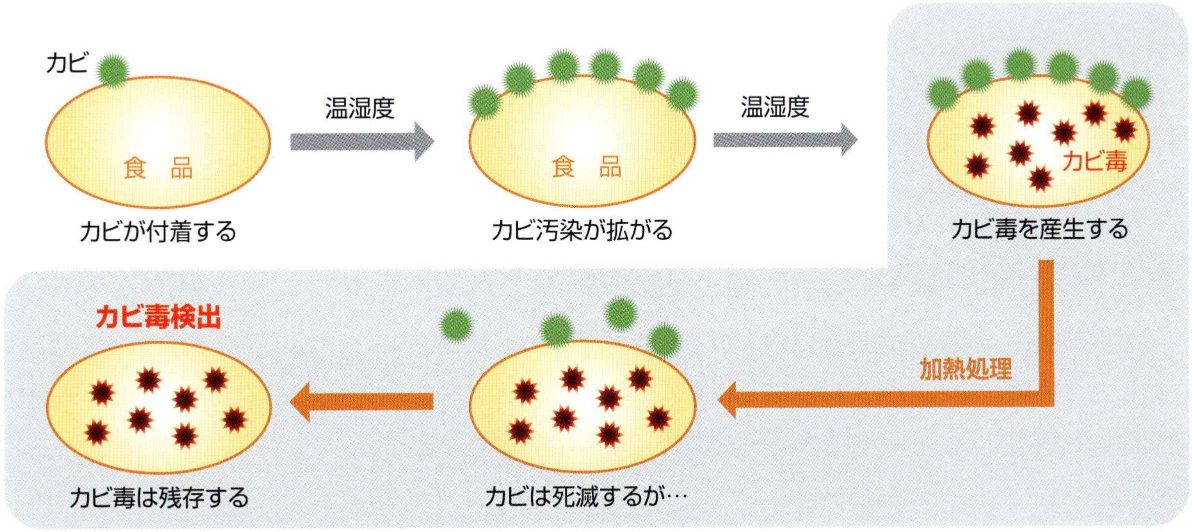

表 3-2 わが国の食品中におけるカビ毒規制値

カビ毒	対象食品	基準値（mg/kg）
総アフラトキシン	すべての食品	0.01
パツリン	リンゴ果汁 [a)]	0.05
デオキシニバレノール	小麦 [b)]	1.1

a) 濃縮されたものについては、濃縮した倍率で希釈したもの。原料用リンゴ果汁を含む。
b) 玄麦

異味
異臭
変色
腐敗

POINT

1. カビが果実や野菜を汚染することにより苦み成分を生じることがある（異味）
2. カビによる汚染から食品に特有の臭気が生じることがある（異臭）
3. カビの代謝物として色素を産生することがある（変色）
4. 食品を汚染する過程で食品自体を腐らせることがある（腐敗）

1 カビによる異味

一例としてマスクメロンを汚染したバライロカビ病菌により刺激的な苦みが生じることがあります（図3-2）。

2 カビ臭

食品にカビが生えるとカビ臭がするといわれます。カビ臭には多種あります（表3-3）。たとえば穀類にアオカビが汚染した場合、2-メチルイソボルネオールという成分が発生することがありますが、これはカビ臭としてよく知られています。

3 変色

食品にカビの被害が発生した場合、カビ自身が特有の色調を呈したり、菌体外に色素を分泌して食品を着色させることがあります。カビが産生する赤、黄、橙、紫などの色素はキノン（アントラキノン、ナフトキノン、ベンゾキノン）誘導体、カロチノイド系が主です（表3-4）。

4 果実類、野菜類に危害を及ぼすカビ

収穫期前後に、果実の損傷部に侵入して害を及ぼすカビがいます。

カビと汚染農産物との間には極めて特異的な関係がある場合と、クモノスカビのようにいくつかの農産物を病害する、いわゆる多犯性の関係を示すものがあります。

コラム

カビ苦情と健康被害

カビによる食品苦情では、「健康被害になる（有症）場合」と「健康被害にならない（無症）場合」があります（図3-3）。少量のカビの生えた食品は、「異物」であり苦情の原因になります。しかし、少量のカビが付着した食品を喫食したからといって、急性の健康被害が起こるとはいえません。むしろ、多くの場合は異物として排せつされますので、一般には有症にならないことが多いといえます。有症となる要因には、おおむね臭気が強いなどといった特徴があります。

カビの生えた食品を喫食した時に、カビ毒による健康被害を懸念する消費者も多いですが、カビの付着した食品を1回喫食しただけで、急性で重篤な症状を起こすことは、今までのカビ毒事例をみる限り考えられません。また、カビ毒を産生する代表的なカビ（アカカビ、コウジカビ、アオカビ）すべてがカビ毒を産生するわけではありません。

図 3-2 カビ被害を受けたマスクメロン

正常なマスクメロン

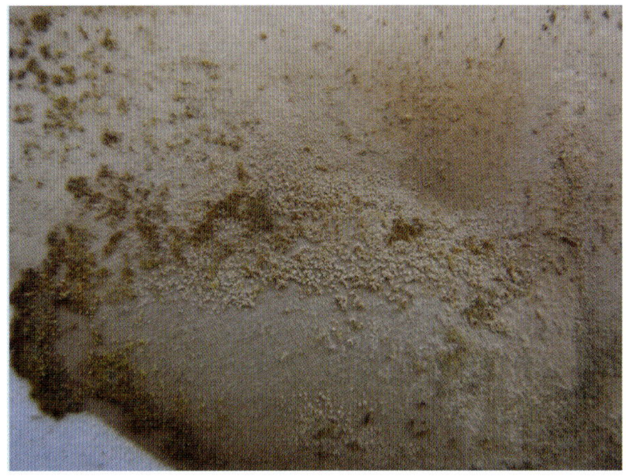

バライロカビ病菌による被害を受けたメロンの拡大像　メロン特有の網目構造が見られない

表 3-3 主要カビの臭気成分（化学物質）

コウジカビ	2-メチルイソボルネオール、テルペン、2-エチルヘキサノール
アオカビ	ジェオスミン、2-メチルイソボルネオール、キシレン、セスキテルペン、リモネン、ジメチルベンゼン、2-メチル-1-プロパノール、3-オクタノール、3-メチル-1-ブタノール
ケタマカビ	ジェオスミン、2-メチルイソボルネオール
ツチアオカビ	ジェオスミン、2-メチルイソボルネオール、フェニルアセトアルデヒド、6-ペンチル-α-ピノン
クロカビ	エーテル、テルペン、3-メチルフラン、1-オクテン、3-ペンテン

表 3-4 カビの色素と産生するカビ

色素名		（カビ）	色
・アントラキノン誘導体	ベルジコロリン	（ベルジカラーコウジカビ）	橙黄色
	スカイリン、ルブロスカイリン	（イスランジア黄変米菌）	暗赤色
	ルグロシン	（ペニシリウム・ルグローサム）	黄色
	ポリハイドロキシアントラキノン	（ジベレラ・フジクロイ）	紫赤色
・ナフトキノン誘導体	フザルビン	（フザリウム・ソラニ）	赤色
	フラビオリン	（アスペルギルス・シトリカス）	暗紅色
・ベンゾキノン誘導体	フミガチン	（フミガタスコウジカビ）	栗色
	スピニュロシン	（フミガタスコウジカビなど）	紫黒色
・カロチノイド	β-カロチン	（モニリア・シトフィーラ）	橙色

図 3-3 食品のカビ苦情と健康被害

有症となる要因

- ✷ かなり多量のカビ
- ✷ 臭気（+）
- ✷ 食品自体の化学変化
  - ・時間の経った食品
    変質　変色　腐敗
  - ・心理的要因

無 症

- ✷ 少量のカビ
- ✷ カビ発生間もない
- ✷ 臭気（−） or（±）
- ✷ 少量のカビ毒
- ◎ カビそのものは異物
- ◎ 通常のカビ汚染食品の喫食で有症とはならない

4 カビの生態

空気

POINT

❶ 製造環境や環境周辺には一般にカビが浮遊している
❷ 製造環境にはその環境特有のカビが浮遊している
❸ 空中カビとしてはクロカビやアオカビが主要であり、他にはコウジカビ、カワキコウジカビなどが多い
❹ 食品のカビ汚染源として空中カビが原因となることが多い

1 空中のカビ

空中カビは無菌環境でない限り普遍的に分布しています。外気では季節の影響を受け、特に梅雨時や秋雨時に多く浮遊する傾向にあります（図4-1）。また、わが国の冬季はどの地域でも少なくなるものの空中カビは皆無になりません。一方、暖かな環境ほど多い傾向にあります。

2 製造環境に応じた分布

製造環境の空中カビは、その製造環境に応じたカビで占められます。たとえば小麦粉を使用する環境には小麦特有のカビ、油脂を多量使用する環境には油脂を好むカビが確認されています。高湿度環境では好湿性カビが多く、逆に低湿度環境では耐乾性カビまたは好乾性カビが多い傾向にあります（表4-1）。

3 空中カビの種類

一般的な空中カビはクロカビやアオカビが主要であり、他にはコウジカビ、カワキコウジカビなどがみられます。

4 製造環境を起因とする事故例

製造環境に起因する事故例をみると、その多くは空中カビが原因です。つまり空中カビは汚染の主役です。そのため製造環境の消毒が重要になります。

5 空中カビに対する基準

製造環境での空中カビに関するガイドラインは厚生省（現厚労省）が示した衛生規範にありますが、すべての食品製造環境を対象とした基準はありません（表4-2）。

図 4-1 生めん製造工場入り口の外気の空中カビ数の推移

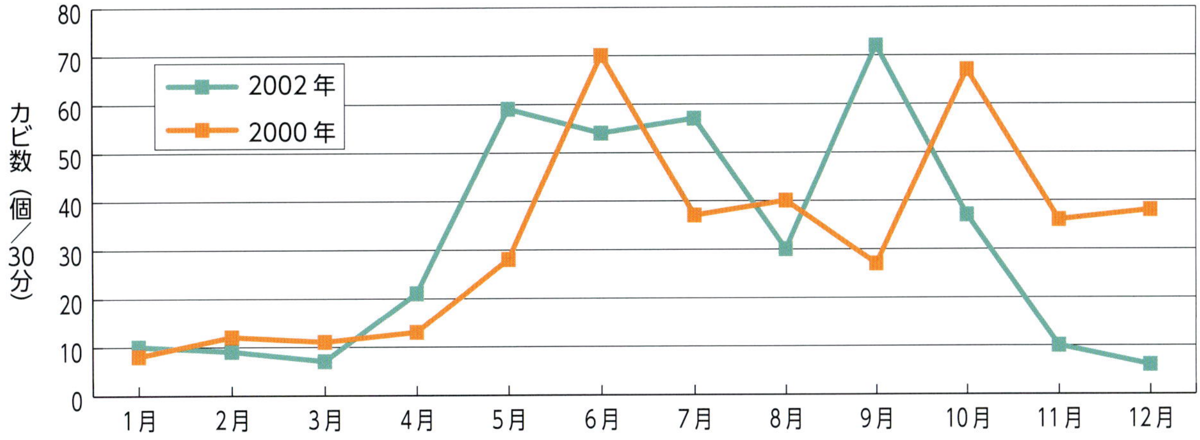

表 4-1 製造環境に応じたカビの分布

高湿度環境	好湿性カビ	アカカビ、ツチアオカビ、ススカビ、黒色酵母様菌、クモノスカビ
低湿度環境	耐乾性カビ	コウジカビ、アオカビ、ペシロマイセス、クロカビ
	好乾性カビ	好乾性コウジカビ、カワキコウジカビ、アズキイロカビ

表 4-2 落下真菌数に対する衛生規範（抜粋）

衛生規範

1）弁当及びそうざい
2）漬物（pH4.5以上の製品製造環境）
3）洋生菓子
4）セントラルキッチン / カミサリー・システム
5）生めん類

対象作業区域

清潔作業区域　測定は作業中とする

測定と評価

ポテトデキストロース寒天培地2～3枚を規範に基づいた測定位置に置き、20分間開放する。その後インキュベータで23℃、7日間培養し、平均落下真菌数を求める。
測定値の評価は10個以下が望ましい

コラム

空中のカビはどこへ

カビ胞子は、風、気流、雨のハネ返りなどによって飛散したり、昆虫などに付着して周囲に拡散します。

空中に舞い上がった胞子のほとんどは半径100m以内に落下しますが、気流さえあればかなりの時間・距離を移動することができるため、屋外ばかりでなく、食品工場内などあらゆる場所に入り込んできます。空中に浮遊しているカビ胞子はやがて落下し、その場所がカビの発育可能な環境条件であれば発生し、再び胞子をつくります。

空中のカビ数

空中に浮遊するカビ数は、屋外空気中1m^3あたり100～1000個の範囲内にあります。食品工場内は外気に比べると少なく、その1/10程度になります。このような空中カビは食品原料、塵埃、土壌、植物、繊維などが発生源となります。また、空中のカビ数は夏場が冬場に比べて多くみられます。これはカビによる事故が夏場の暑い時期に多く発生するのと相関しています。

土壌

POINT

1. カビの発生源は土壌
2. 土壌には多量かつ多様なカビがいる
3. 野菜・果実の植物病原菌は土壌由来のカビが多い
4. 土壌を介したカビによる食品事故は多い

1 土壌のカビ

土壌には有機物を分解する微生物が広く分布します。カビも同じく土壌に普遍的に分布しています。土壌から養分を取り入れ、分解することで土壌1g あたり 10^4 ～ 10^6 個の多量かつ多様のカビがみられます（表4-3）。

2 土壌からの飛散

土壌中のカビは、表土の乾燥により空中に飛散したり植物に付着し、土壌から離れていきます。土壌での形態は胞子であったり菌糸であったりしますが、その形態を維持したまま浮遊し空中カビとして飛散します。土壌がある限りどこにでもカビは飛散し、カビ自体にとって都合のよい環境では長期間生残するようになります。

3 土壌と植物

土壌と接する植物もカビと極めて緊密な関係にあります。土壌カビはある特定の植物に寄生します。植物病原菌の多くはカビです。たとえばブドウやイチゴにはハイイロカビ、ミカンにはアオカビ、麦にはアカカビ、リンゴにはミカンと異なる種のアオカビというようにカビと寄生を受ける植物の関係は極めて特異的です（図4-2、表4-4）。

4 土壌を原因とする事故例

土壌のついた野菜や果実はカビによる事故を起こしやすく、土壌由来カビを原因とする食品事故例としてトマト、ナス、キュウリ、ブドウ、メロンなど数多く報告されています（表4-5）。また、植物収穫後に土壌由来カビが汚染する事例として、ナッツ類、サトウキビなどがあります。

表 4-3 土壌のカビ

湿った土壌	酸性土壌	乾いた土壌	畜舎土壌	発酵性土壌
ツチアオカビ、クモノスカビ、アクレモニウム、クロカビ	ミルク腐敗カビ、モニリエラ	コウジカビ、ペシロマイセス	ミルク腐敗カビ、フォーマ	黒色酵母様菌、ベニコウジカビ

図 4-2 土壌由来カビを原因とする事故例

ブドウのハイイロカビ病

イチゴのハイイロカビ病

リンゴアオカビ病

表 4-4 土壌由来カビから被害を受ける野菜や果実

トマト	クロカビ、ススカビ、スクレロチニア
イチゴ	ハイイロカビ、クロカビ、クモノスカビ
ブドウ	ハイイロカビ、クロカビ、ススカビ

リンゴ	アオカビ
ミカン	アオカビ
ムギ	アカカビ

表 4-5 野菜や果実のカビによる病害

カ ビ	被害作物および病名
ススカビ	リンゴ・ブドウの芯腐病、ニンジン・ハクサイ・ダイコンなどの黒斑病
ボトリチス・シネレア	トマト・ナス・ピーマン・キュウリ・イチゴ・カンキツ・リンゴ・キウイフルーツなど多くの野菜・果樹のハイイロカビ病
クラドスポリウム・ククメリナム	キュウリ、カボチャの黒星病
フザリウム・ソラニ	ジャガイモ軟腐病
リンゴアオカビ病菌	リンゴアオカビ病
スクレロチニア・スクレロチオラム	トマト・ナス・キュウリ・メロン・スイカ・イチゴなどの菌核病

塵埃（ダスト）

POINT

❶ 塵埃の成分は、食品原料、土壌、植物、繊維、木くず、生物の死骸などであり、比較的乾燥している
❷ 塵埃中のカビ量は塵埃1g中に約10^4～10^6個
❸ 塵埃中のカビは、乾燥に強い種が多く、好湿性カビは少ない
❹ 塵埃由来の食品事故の多くは空中カビによることが多い

1 塵埃のカビ

塵埃には多量のカビが付着して長期間生残していきます（図4-3）。塵埃の多くは帯電性をもっていますのでカビを付着しながら床や機器などに残ります。製造環境では食品原料や紙なども塵埃の一部となり、乾燥した状態でカビが付着しています。微粒子状の塵埃は容易に浮遊し、やがて床や食品に落ち、湿度が高くなると水分や養分を利用してカビが発育しはじめます。

2 製造環境に応じた分布

食品工場内の塵埃中のカビ量は塵埃1g中に約10^4～10^6個存在します（図4-4）。製造環境中の塵埃に付着したカビは発育に都合のよい環境であれば、床や湿った器材などに付着し発育がはじまります。つまり胞子から発芽して菌糸になります。やがてこれが目視で確認できる汚染という現象になります。汚染すると、カビの種類によっては多量の胞子を形成し、それが菌体から離脱して環境内に飛散しはじめます。こうした状態が継続することにより、その製造環境で優勢種となって分布するようになります。

3 塵埃のカビの種類

塵埃にはカビが付着していますが、塵埃のカビの種類は多様です。通常、乾燥系に強いカビが多くみられ、アオカビ、コウジカビ、カワキコウジカビであり、空中に飛散する代表的なクロカビも多いといえます（表4-6）。これらはいずれも多量の胞子を産生します。そのため環境内はこれらの胞子が優勢となって分布するようになります。

4 塵埃を原因とする事故例

製造環境で作業者の移動や空気の流れ、原料の飛散等により塵埃も飛散します。すると、塵埃と同時にカビも飛散するため塵埃量が多いところほどカビによる食品事故は起きやすい傾向があります。空中に浮遊しているカビは、時間の経過により落下しますが、アオカビやコウジカビは粒径約2.5～6 μm前後の大きさで、このカビが1m落下するまでに30分～3時間かかります（表4-7）。すなわち、放置しておけば数時間のうちに落下し、この落ちたカビによって事故が多く発生します。

図 4-3 塵埃に付着したままのカビ菌体（蛍光染色像）

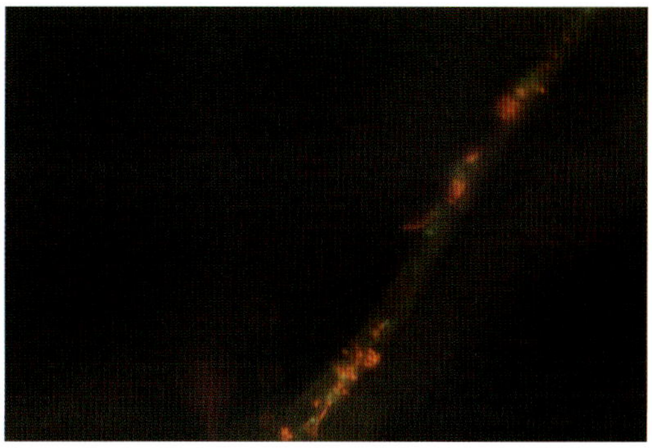

微細な繊維にカビ
（オレンジ色の部分）
が付着している

図 4-4 食品工場内塵埃のカビ数

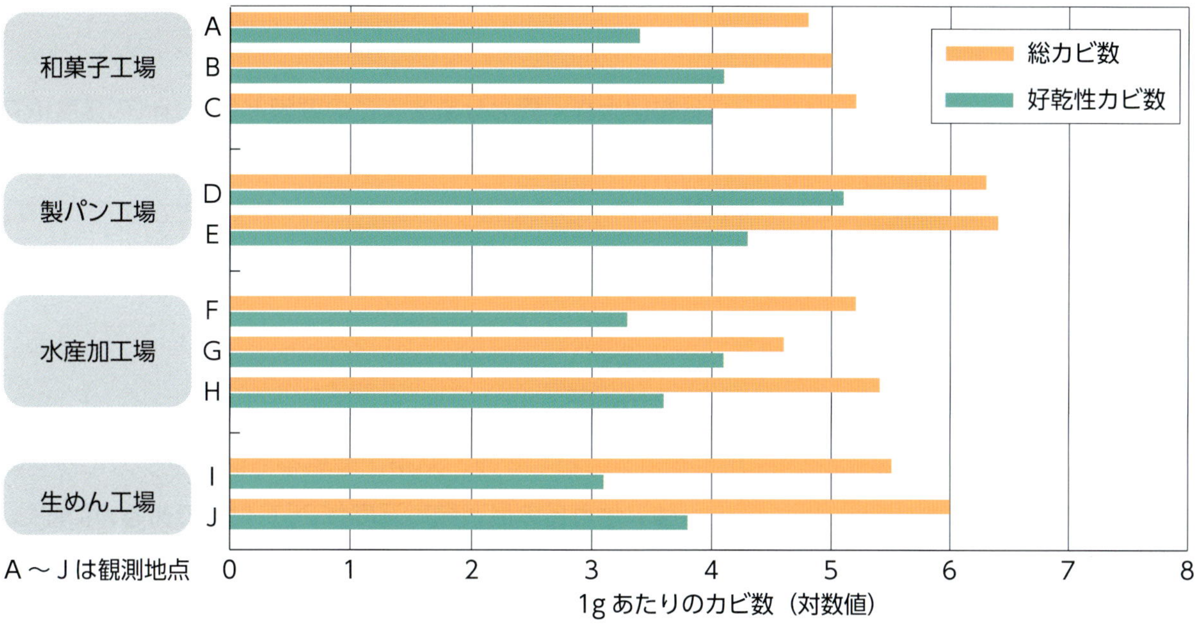

表 4-6 塵埃のカビ

食品・原料由来	コウジカビ、アオカビ、カワキコウジカビ
土壌由来	クロカビ、クモノスカビ、ススカビ、アカカビ
人・着衣由来	ケタマカビ、コウジカビ、クロカビ、クリソスポリウム
紙・容器由来	ツチアオカビ、ケタマカビ、スタキボトリス

表 4-7 空中カビが 1 m落下するまでの時間

粒 径	1 m落下するまでの時間
2.5 μm（小型のアオカビなど）	約180分
3 μm（アオカビなど）	約120分
4 μm（小型のコウジカビなど）	約 70分
5 μm（コウジカビなど）	約 45分
6 μm（クロカビなど）	約 30分

地理的分布

POINT

❶ カビの分布は地理的な影響を受けやすい
❷ 地球規模で考えると熱帯、亜熱帯、温帯に分布する有害カビが重要
❸ わが国への輸入食品が増加することによる有害カビの定着

1 気候に依存するカビ

熱帯、亜熱帯、温帯、寒帯でのカビの分布は大きく異なります。この要因としてカビの温度依存性があります。つまり気候として暑い地域は高温域のカビが、暖かい地域は中温域のカビが、さらに寒い地域では低温域のカビが生息します。このように気温がその分布を大きく変化させています。また乾燥地帯と湿地帯もカビの分布に強く関係します。これはカビの性質として乾湿の影響を受ける仲間があるためです。

2 それぞれの気候帯に応じた分布

わが国などの温帯では、アオカビが主要汚染カビですが、熱帯、亜熱帯ではコウジカビが主要汚染カビとなります（表4-8、4-9）。これはアオカビの最適発育温度が25℃付近であるのに対し、コウジカビは30℃付近より高温であるためです。亜熱帯などからの輸入農産物は、たとえば落花生は主としてコウジカビなどに汚染を受け、北ヨーロッパなどからの麦類は主にアオカビやアカカビにより汚染を受けています。

3 輸入食品によるカビの定着

わが国は食品原料の多くを諸外国から輸入しています。輸入食品として多い穀類や果実にはさまざまなカビが付着したまま持ち込まれることがあります（表4-10）。こうしたカビのなかには輸入原料についたままわが国に定着することも考えられ、実際にコウジカビや接合菌の仲間などが定着しています。

コラム

わが国でのカビ規制

食品にとっての有害カビには、カビ毒産生カビと、食品事故を起こす耐熱性カビなどがあります。わが国では、カビ毒に関する規制はありますが有害カビそのものの規制はありません。この考え方は細菌に対する規制の設定と異なっています。

表 4-8 それぞれの気候帯のカビ分布

熱帯・亜熱帯のカビ	温帯のカビ
● コウジカビ（アスペルギルス） フラバスコウジカビ オクラセウスコウジカビ アスペルギルス・テレウス クロコウジカビ ● ハリサシカビモドキ ● クモノスカビ	● アオカビ ● クロカビ ● アカカビ ● アクレモニウム ● 黒色酵母様菌 ● ハイイロカビ ● エピコッカム

表 4-9 屋外空中カビの地理的分布

			コウジカビ	アオカビ	クロカビ	アカカビ	ススカビ	カワキコウジカビ
アジア	タイ、マレーシア	熱帯 亜熱帯	◎	○	○		○	○
	中国、韓国、台湾	亜熱帯 温帯	○	○	◎	○		
	日本	温帯		○	◎	○	○	
中近東	イラン	亜熱帯 温帯	◎	○	○			
アフリカ	エジプト	亜熱帯 温帯	◎	○	○	○		○
ヨーロッパ	オランダ、ベルギー	温帯 寒帯		○	◎	○	○	
北アメリカ	USA	亜熱帯 温帯	○	○	◎	○		
南アメリカ	チリ	亜熱帯 温帯	○	○	◎	○		

◎ 広く分布　○ やや多く分布

表 4-10 輸入食品のカビ

穀 類（ピーナッツなど）	フラバスコウジカビ、オクラセウスコウジカビ、アスペルギルス・キャンディダス、アスペルギルス・クラバタス、カワキコウジカビ
果 実（パパイヤ、バナナなど）	アカカビ、ボトリオトリカム、炭そ病菌、クロコウジカビ、モニリエラ、アクレモニウム、アオカビ

5 食品と食品製造環境

食品のカビ汚染原因

POINT

❶ 食品を汚染するカビは原材料をはじめさまざまな経路で食品に付着する
❷ カビは加熱工程で死滅するが、その後の二次汚染に注意
❸ 同種の食品であっても、原料、製造環境、工程、作業員、包装材料などが異なるため、汚染原因もそれに伴い異なる

1 加工食品におけるカビ汚染原因

カビ汚染経路は土壌を介した一次汚染と、貯蔵中、流通・保管中、さらに空中カビの付着による二次汚染があります（図5-1）。前者は土壌を介してフィールドなどでのカビ毒汚染が重視されます。後者は製造現場や流通工程でのカビ汚染です。

製造現場でのカビ汚染はどこに由来することが多いでしょうか。これは食品によって異なり、空中カビを原因とするケースや器材や作業員の手指によることもあります。また原料によることも少なくありません（表5-1）。

2 空中カビによる汚染

空中カビによる汚染では、カビ汚染レベルの高い穀粉や乾燥原料粉などの飛散が工場内の空中カビ数の増加を招き、製品のカビ汚染につながる例も少なくありません（表5-2）。また、施設内のカビの発生は空中カビを著しく増加させ、製品のカビ汚染につながります。

3 調理器具を介した汚染

原料汚染が調理器具や作業員手指を介して製品を汚染する例があります。また菓子類包装で使用される紙容器に由来するカビが臭気（カビ臭）の発生原因となる例も認められています。このほかに冷却水、ベルトコンベアー、裁断用カッターの刃の汚染などが製品の汚染源となることもあります。なお、コナダニなどの食品害虫もカビ胞子を付着したまま食品原料に入り込み、カビの汚染源となります。

図 5-1 食品のカビ汚染経路

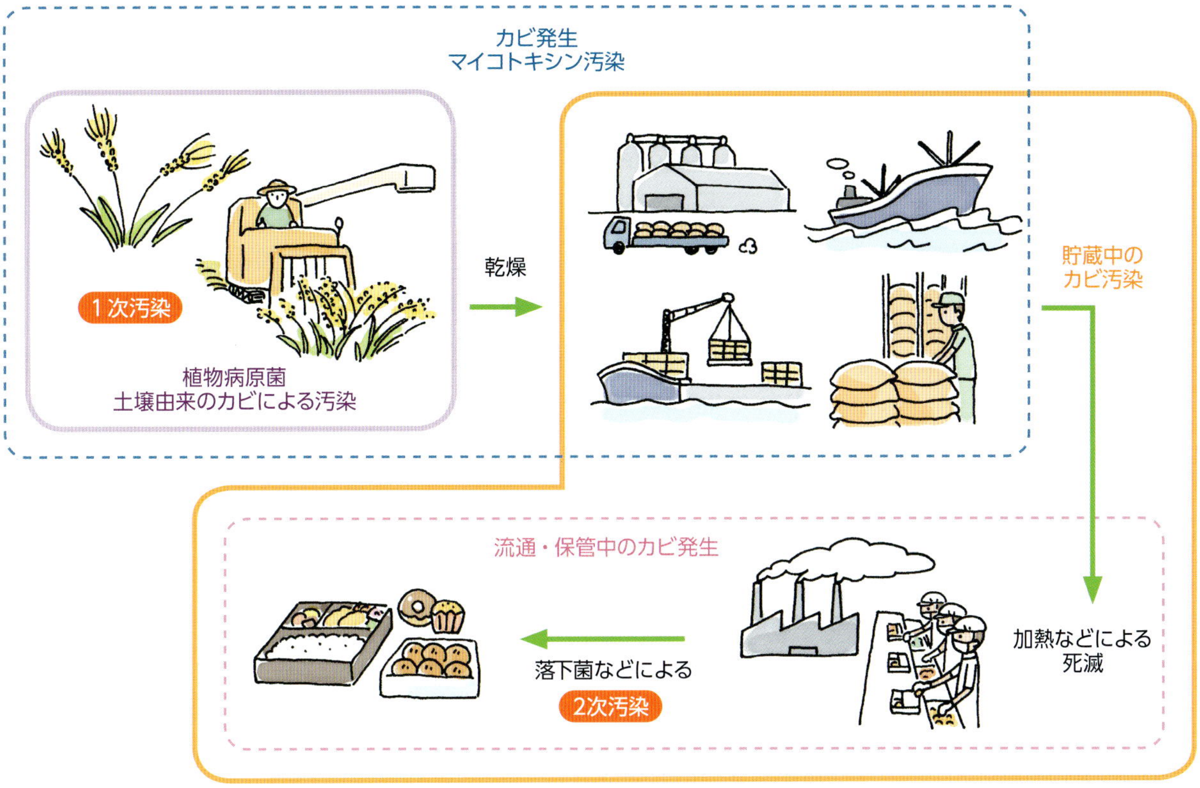

表 5-1 各種食品の製造工程におけるカビ汚染原因

食品名	汚染原因
チーズケーキ、栗まんじゅう	落下菌
ウインナーソーセージ	落下菌、作業台の汚染
バウムクーヘン	落下菌、カッター刃
佃煮	器具、作業員手指
ゆで麺	冷却用ボール、計量用ボール
生あん	さらし水
スポンジケーキ	クリームの汚染
小麦	原料
冷凍ハンバーグ	原料
清涼飲料水	分注機、洗ビン不良

表 5-2 和菓子工場における小麦粉使用前後の空中カビ数の推移
落下法：20 分開放（M40Y 寒天培地）

	空中カビ数	主なカビ
小麦粉使用前	24	アオカビ、クロカビ
小麦粉開封使用5分後	47	アオカビ、カワキコウジカビ、コウジカビ
小麦粉開封使用1時間後	61	アオカビ、カワキコウジカビ、コウジカビ
作業終了1時間後	49	コウジカビ、アオカビ、カワキコウジカビ
作業終了3.5時間後	29	アオカビ、カワキコウジカビ
作業終了8時間後	36	アオカビ、カワキコウジカビ、クロカビ

なぜ食品や製造環境にカビが生えやすいのか？

POINT

❶ 多くの食品工場では水の使用や熱・水蒸気の発生が避けられないため、高温・高湿になりやすい

❷ 食品の多くがカビの発育に適した栄養分を含むため、容易にカビが発生する

❸ 製造機器および器具器材に付着した食品の残渣はカビにとって最適な栄養源となる

❹ 粉体原料が飛散し、吸湿すれば栄養分となり、カビの発生につながる

1 施設内の高湿

食品工場の多くは内部で水の使用や加熱調理が行われるため施設内が高温・高湿になり、壁面などにカビが発生しやすくなります。工場内にカビが発生すると、その胞子は気流とともに浮遊し、空中カビの著しい増加を招きます。それらは落下して直接的に、あるいはベルトコンベアー、機器類、作業員手指などを介して間接的に製品を汚染します。

2 食品はカビの発育に適する

市場に流通している食品のほとんどは、動物・植物に由来しています。食品に発生するカビの多くはこうした生物のもつ栄養分を利用します（表5-3）。

各種食品におけるカビ・酵母の汚染率と検出菌数との関係を図5-2に示しました。カビ・酵母による汚染率の高かった検体は小麦粉、ソバ粉、素麺などの16品目で、いずれも80%以上の試料から菌が検出されています。また、試料1gあたり1万以上の多数のカビ・酵母が検出された食品はゴマ、魚肉練り製品および洋生菓子で、ゴマ以外は酵母中心の汚染でした。他方、穀類やその加工品からはアオカビ、コウジカビ、カワキコウジカビ、クロカビなどの比較的低水分環境下でも発育可能なカビが優勢でした。また、フラバスコウジカビなどのカビ毒産生カビは、ゴマ、ソバ粉、ハト麦粉といったこれまでにもカビ毒汚染が報告された食品から高頻度に検出されています。

3 製造環境における汚染

また、製造環境における粉体原料（小麦粉など）の飛散、食品残渣、エアコンフィルターの清掃不良、床に集積した塵埃の飛散、段ボールや粉袋などの取扱い不良、施設内の清掃不良も空中カビの増加を招きます。

表 5-3 市販食品から検出されるカビ、酵母

	穀粒	穀粉	ナッツ類	香辛料	乾物	生麺	豆類	ゴマ	乾燥果実	パン	菓子類	ジュース類	煎茶	味噌	そうざい類
コウジカビ	◎	◎	◎	◎	◎	○	○	◎			△		◎	◎	
アオカビ	◎	◎	◎	◎	◎	◎	○	◎	△		△	○	○	△	△
クロカビ	○	○	○	○	○	○	○	◎		○	○	○	△	○	△
ススカビ	△	△		△	△	△	△	○							
アズキイロカビ	○	◎	△	◎	◎	△	△	◎			○		○	○	
アカカビ	○	○		○	○										
黒色酵母様菌	△										△	○		△	
ツチアオカビ	△	△					△								
ペシロマイセス	△	△		△	△		△							△	△
ミルク腐敗カビ		△	△	△	△										
フォーマ		△		△	△	△		△				△			
ケカビ	○	○	△	○	○		△	○	△						
クモノスカビ	○	○	○	○	○		△								
酵 母	○	○	△	○	○	◎	△	△			◎	△		◎	◎

◎：検出頻度が高い　○：検出される　△：まれに検出される

図 5-2 各種市販食品からのカビ・酵母汚染率と検出菌数

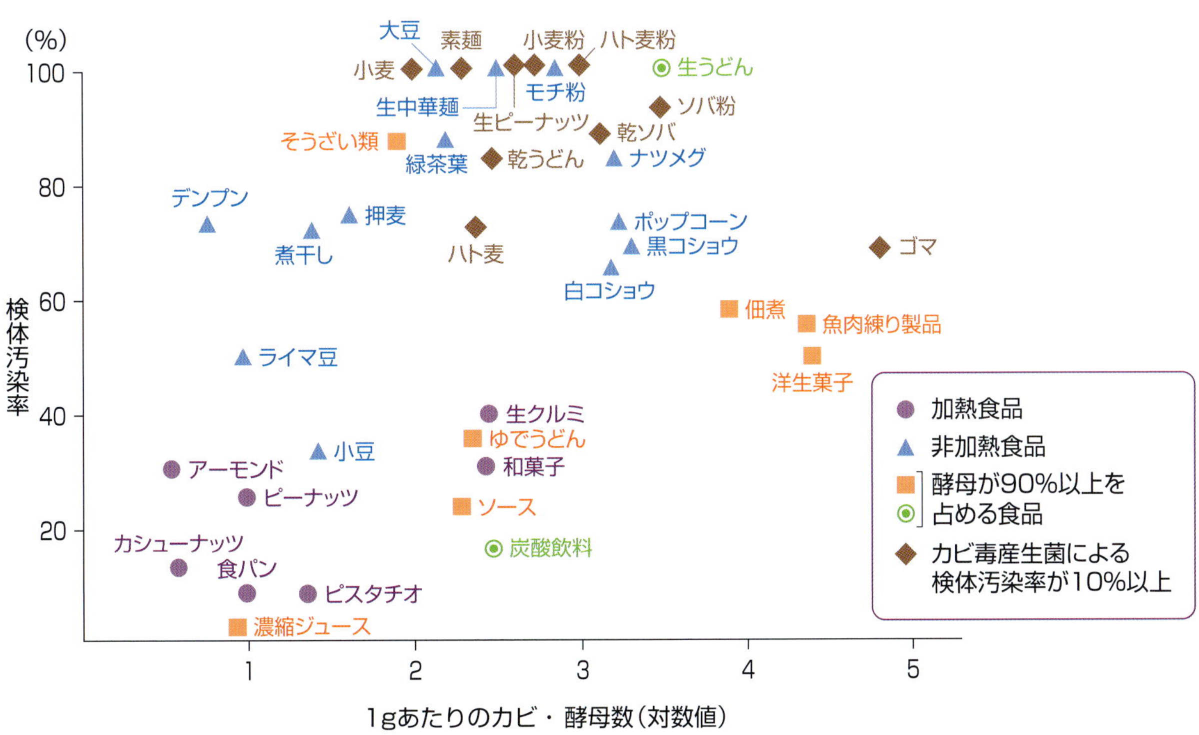

食品や製造環境に生えやすいカビ

1 クロカビ（クラドスポリウム属）

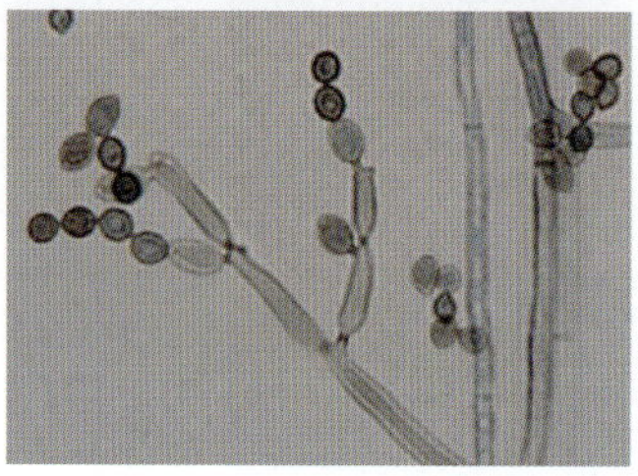

1）分布：空中、食品、土壌、包装材料など
2）被害：菓子類をはじめそうざい類、清涼飲料水など。食品だけではなく建物の壁面、タイル目地、冷蔵庫やサッシのパッキンなど
3）性質：乾燥や低温にも強い
4）培養：暗緑褐色の集落をつくる

2 アオカビ（ペニシリウム属）

1）分布：土壌、食品、空中、塵埃など
2）被害：そうざい類、清涼飲料水、菓子類、かまぼこなどの水産加工品にしばしば発生する。カビ毒を産生する種がある
3）性質：中温性、耐乾性（乾燥に強い）
4）培養：多くの菌種が青緑色の集落をつくる

3 コウジカビ（アスペルギルス属）

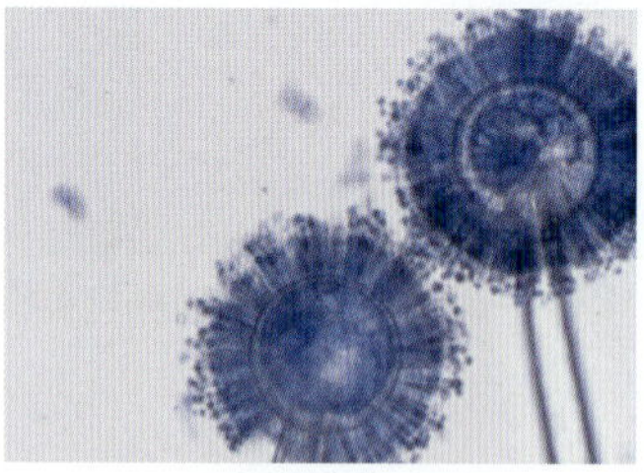

1）分布：自然環境中に多くみられる
2）被害：種々の食品に生えて変質・変敗の原因となる。好乾性コウジカビは乾燥した環境を好むため、乾燥食品、菓子類、繊維製品などにしばしば発生。カビ毒を産生する種がある。発ガン性のカビ毒を産生するフラバスコウジカビなどが含まれる
3）性質：中温性〜高温性、耐乾性〜好乾性（乾燥に強い）
4）培養：菌種によって白、黒、黄緑、緑、黄色などさまざまな色を呈する
5）特記：酒、味噌の製造に用いられる有用カビとしてコウジ菌がある

4 アズキイロカビ（ワレミア属）

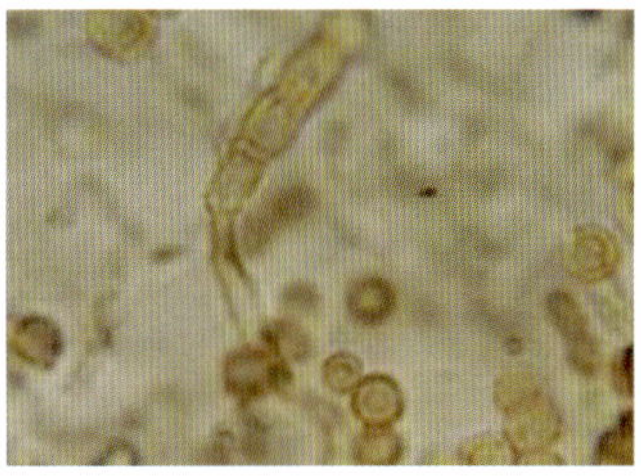

1）分布：糖度の高い食品、干物など
2）被害：ようかん、あん、まんじゅう、カステラ、ジャム、昆布などの食品や乾燥食品でしばしば発生
3）性質：中温性、乾燥した環境を好む好乾性
4）培養：褐色からチョコレート色の小さな集落

5 カワキコウジカビ（ユーロチウム属）

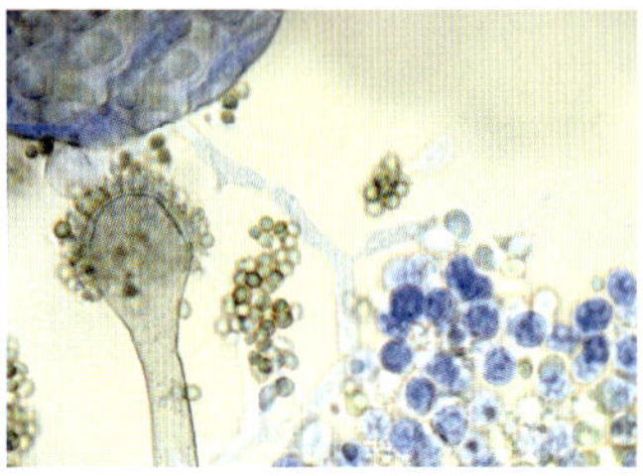

1）分布：乾燥食品や菓子類など
2）被害：菓子類、佃煮、乾燥食品など乾燥食品や菓子類などを汚染
3）性質：中温性、乾燥した状態を好む好乾性
4）培養：青緑色、時に黄色の集落を形成する
5）特記：コウジカビの有性世代。カツオブシカワキコウジカビともいう

6 アカカビ（フザリウム属）

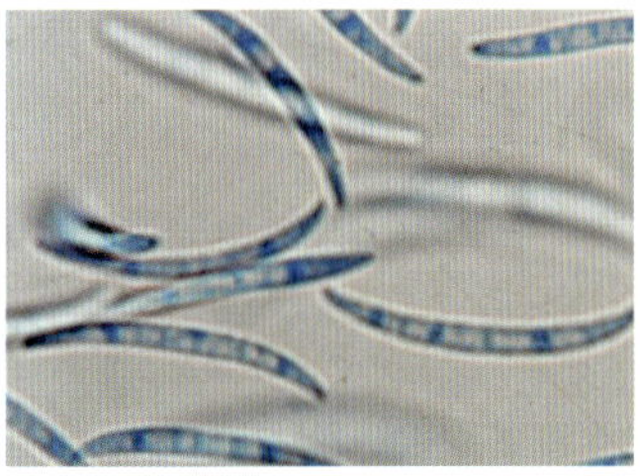

1）分布：多くの菌種が土壌棲息菌として環境中に広く分布
2）被害：各種農作物、特に麦類、豆類の病害菌である。カビ毒を産生する種がある。カビ毒であるトリコテセン系毒素を産生する
3）性質：中温性～低温性、好湿性
4）培養：赤色綿毛状の集落を形成する菌種が多い。菌種によっては白、黄、青色の集落を形成する。本菌は多細胞で鎌形の特徴的な大型分生子を形成し、一部の菌種は楕円形、洋ナシ型などの小型分生子も同時に形成する

7 ケカビ（ムーコル属）

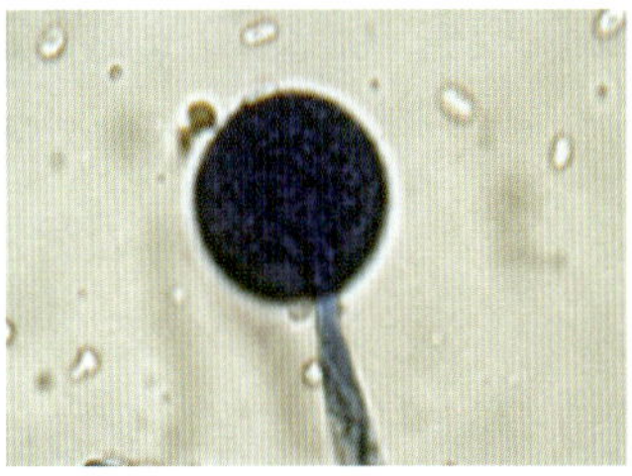

1）分布：土壌、野菜、果実、腐敗物、空中など
2）被害：水分の多い食品では短期間で灰白色から淡褐色で綿毛状の集落を形成する。貯蔵野菜をはじめ低温に保存した食品などにしばしば発生する
3）性質：中温性、好湿性
4）培養：発育は極めて速い

8 クモノスカビ（リゾプス属）

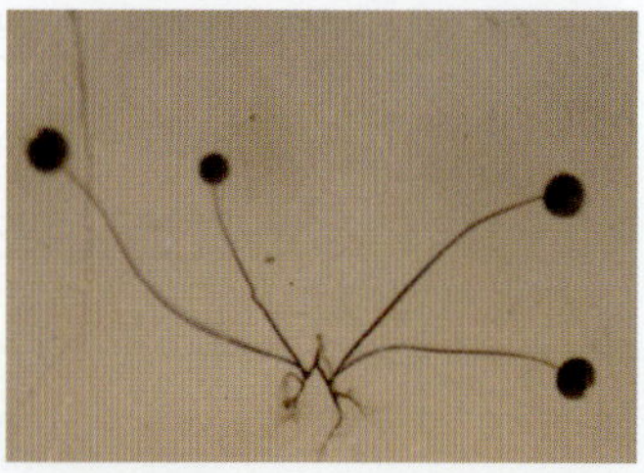

1）分布：土壌、穀類、野菜、果実など
2）被害：水分の多い食品、野菜、果実など
3）性質：中温性、好湿性
4）培養：灰白色から褐色の綿毛状集落を形成する。発育は極めて速い

9 ススカビ（アルタナリア属）

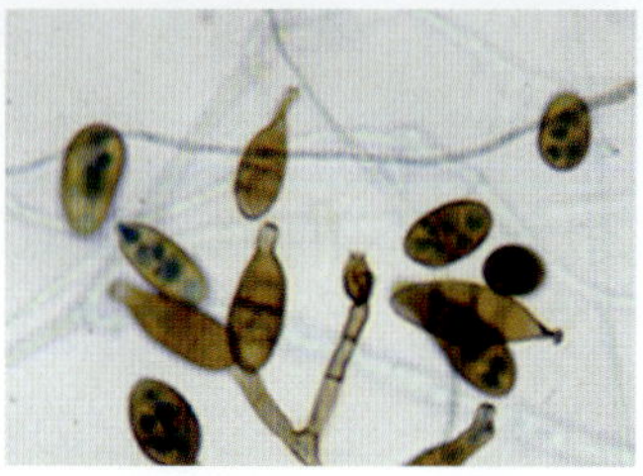

1）分布：空中、穀類、野菜など
2）被害：リンゴ、柿などの腐敗の原因となるほか、各種の植物に病原性
3）性質：中温性、好湿性。防カビ剤に対する抵抗性が極めて強い
4）培養：灰白色から黒褐色の綿毛状の集落を形成する。多細胞でこん棒状、連鎖状に形成

10 フォーマ属

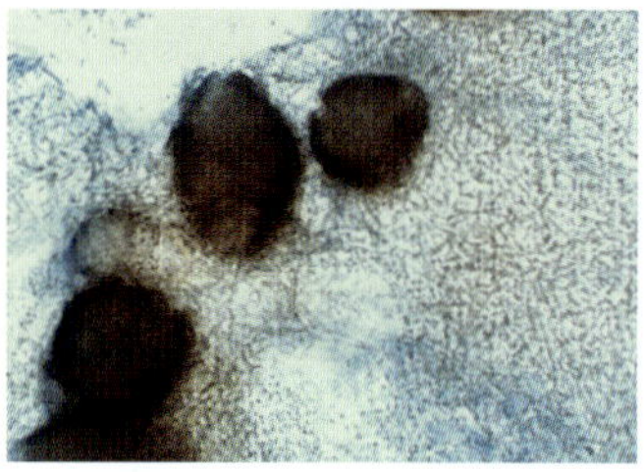

1）分布：水回り、冷凍食品など
2）被害：水系環境に発生する。ジャガイモ、トマト、ブドウなどの植物病原性
3）性質：中温性～低温性、好湿性
4）培養：褐色、時に黄褐色の集落を形成する。分生子殻と呼ばれる球形の小さな口のある壷状の器官を形成する。胞子はその中で大量につくられ、ピンク色の粘液状となる
5）特記：汚染すると球状の組織を形成して抵抗性を示す

11 黒色酵母様菌（アウレオバシジウム属）

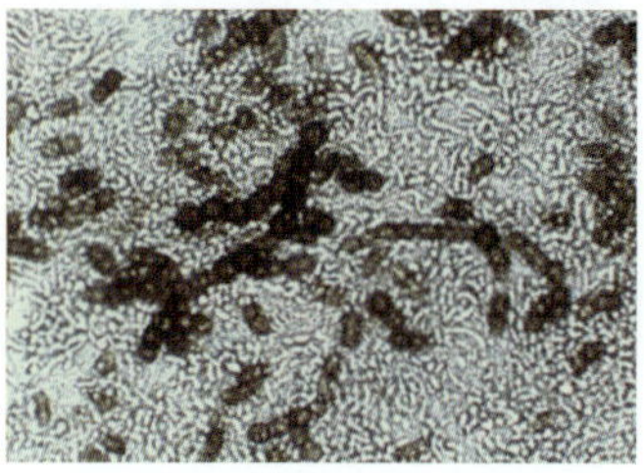

1）分布：湿地の土壌、汚水など湿った環境中
2）被害：湿気の多いところに発生し湿った床、排水溝、壁、天井などに発生する。しょう油工場、清涼飲料水製造工場の内部や周辺を汚染する。清涼飲料水、ゼリーなどの食品を汚染する
3）性質：中温性、好湿性
4）培養：発育初期には白色の集落を形成する。成熟するにつれて次第に黒色の湿った集落となる
5）特記：培養により酵母状となるため、黒色酵母様菌と呼ばれる

12 ペシロマイセス属

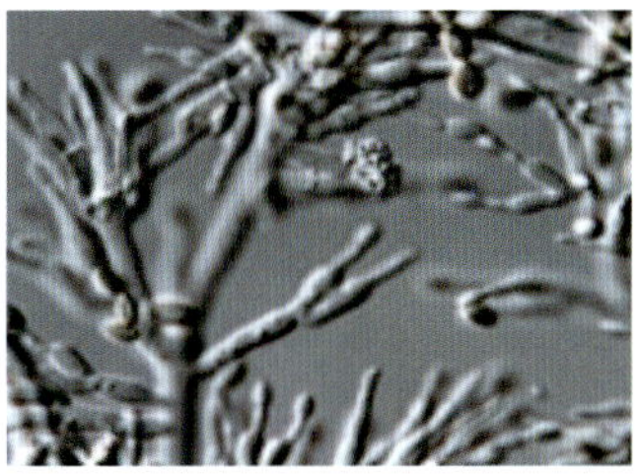

1）分布：土壌、穀類など
2）被害：穀類、豆類、ナッツ類、香辛料、食肉加工品、乳製品、乾燥果実など。有性世代であるビソクラミスは耐熱性カビとして知られる。果汁やジャムでは加熱処理後も子のう胞子が生残し、流通・保管時に発生し、クレームの原因となる
3）性質：中温性、好湿性～耐乾性
4）培養：ペシロマイセス・バリオッティは黄褐色、ペシロマイセス・リラシナスは薄紫～ライラック色で、緑色は呈さない
5）特記：アオカビとよく似た形態である

13 ミルク腐敗カビ（ゲオトリクム属）

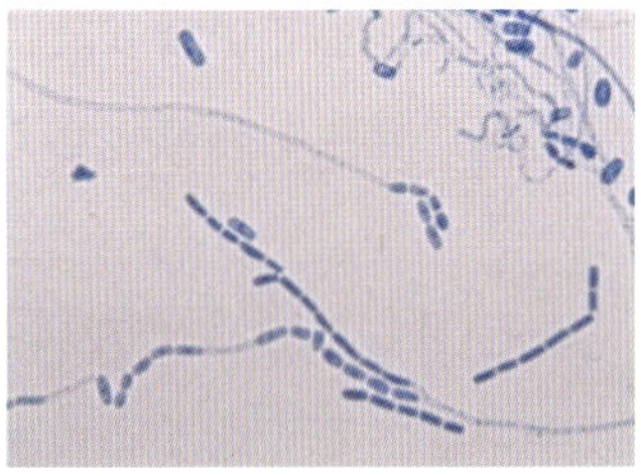

1）分布：水回り、植物、豆類、果実、野菜、乳製品、食肉、飲料など
2）被害：乳を原料とした食品や食肉を汚染する。食品製造機器からも高頻度に検出される。柑橘類の腐敗原因となる
3）性質：中温性、好湿性
4）培養：白色～クリーム色で酵母様の集落を形成し、強い発酵臭がある。栄養菌糸が分節化し、分断して胞子となる

14 モニリエラ属

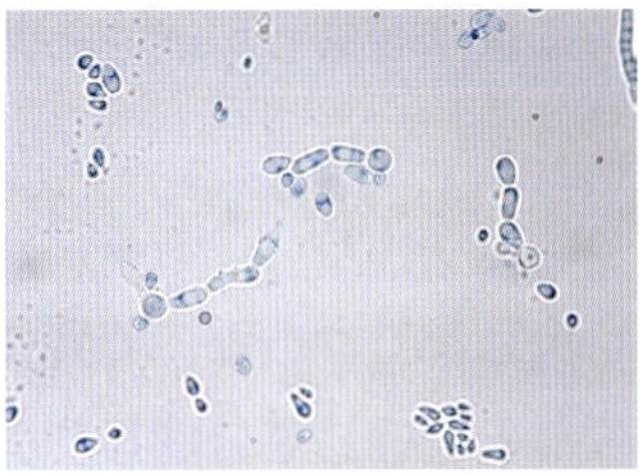

1）分布：酸性基質、土壌、油脂類、植物など
2）被害：バター、マーガリン、ケーキ類（バウムクーヘンなど）を原料とする油脂食品および食酢等酸性食品などの変敗、臭気
3）性質：中温性、好湿性、好酸性、好脂性
4）培養：白色、クリーム色、培養が進むと黒色となる。
粉状または湿性のビロード状
分節型または出芽型胞子で無色。形態は酵母細胞様
5）特記：目視および形態では酵母状に観察されることがある
主要な菌種は2種でモニリエラ　スアベオレンス、モニリエラ　アセトアブテンス

食品でのカビによる事故事例情報

POINT

❶ 食品全体では、菓子類、飲料、農水産物で発生する食品苦情事例が多い
❷ 飲料での食品苦情の発生は、高い割合のまま推移
❸ 飲料のうち、果実飲料やミネラルウォーターでの苦情発生割合が多い

1 食品を取り巻く環境変化

レトルト製法やコールドチェーンなどの食品加工・保存技術の進歩により、現在、市場にはさまざまな形態の食品が流通しています。これらに加え、インターネットを利用した新たな食品の販売も年々増加しています。このような食品を取り巻く状況の大きな変化に伴い、カビによる危害（食品苦情）発生も多様化しています。

2 東京都特有の食品事情

東京都内で流通する食品の大部分は、輸入品を含めた都外からの流入品です。このような都に特有の事情が、都内で発生する食品苦情をよりいっそう複雑にしています。都内の保健所に届け出られる食品苦情の中には、製造者側には瑕疵がなく、流通から販売、消費段階での不適切な扱いが原因とされる事例も少なくありません。しかしその一方で、よりいっそうの「食の安全･安心の確保」が求められている今日においては、製造者側の不備によって食品苦情が発生した場合、食品業界全体の信用を失う可能性もあります。

3 都内で発生する食品苦情

東京都では、都内で発生した食品苦情について集計を行い、インターネットや広報誌、調査報告書などを通じて公開しています。都内の保健所には、毎年、5,000件前後の食に関する苦情相談が寄せられています。平成25年の苦情要因別件数は5,192件であり、このうち、カビ発生によるものは106件（2%）でした（表5-4）。この数字だけをみると、カビによる食品苦情は少なく感じますが、実際は検査によって異物や異臭、変敗などの原因がカビであるとわかる事例も少なくありません。

表 5-4 都内で発生した食品苦情（平成 25 年度）

要因分類	件　数	比率（%）
カビの発生	106	2
異物混入	755	14.6
腐敗・変敗	95	1.8
異味・異臭	277	5.4
変　色	54	1
変　質	38	0.7
食品の取扱い	567	10.9
表　示	242	4.7
有　症	1,434	27.6
施設・設備	512	9.9
その他	1,112	21.4
計	5,192	100

図 5-3 都内で発生したカビ苦情の割合（食品群別）

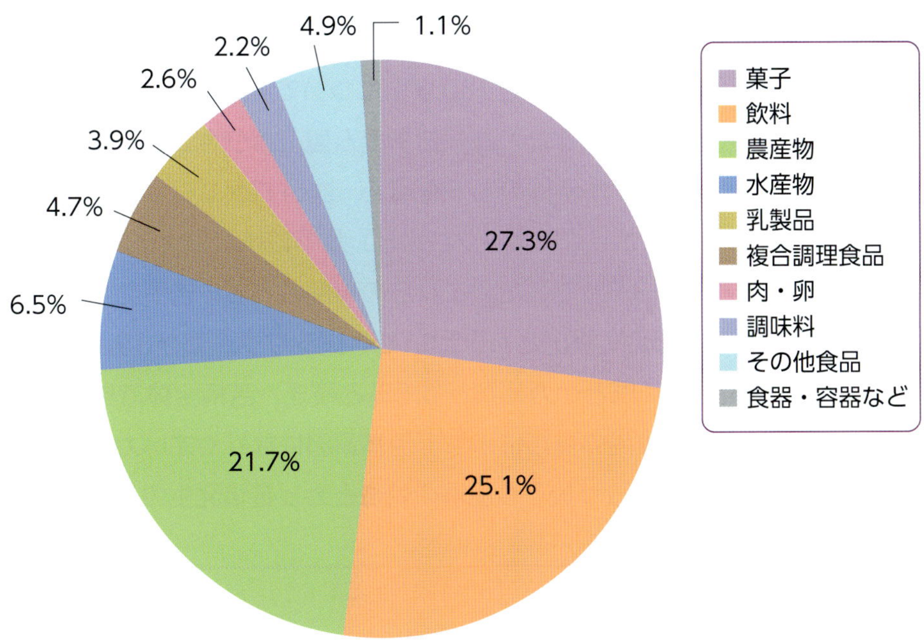

4 カビによる食品苦情

1987年から2010年の間に都内で発生した食品苦情のうち、実際にカビの検査を行った約1,000事例を食品群別にまとめたものが、図5-3（P.45）です。これをみると、菓子類、飲料、農産物で発生する事例が多くみられ、全体の3/4弱を占めています。また、これら3食品群を中心に1987～2002年までの16年間と2003～2010年までの8年間を集計したものが図5-4です。それぞれの食品群についてみると、菓子類については32.7%から19.5%と割合が減少しています。菓子類は水分活性の低い製品が多いため、好乾性真菌が苦情原因になる可能性が高くなります。好乾性カビは、他のカビに比べてより多くの酸素を必要とすることから、近年、市場に流通している菓子類の多くは脱酸素剤を利用しています。このようなことから、菓子類については危害菌の特定と適切な対策が功を奏している例といえます。一方、飲料（清涼飲料およびアルコール飲料）では、25.6%から24.4%と苦情食品全体の1/4を占めたまま横ばいです。飲料類で発生している苦情事例の多くは、いわゆる「ペットボトル飲料」として販売されていた茶系飲料やミネラルウォーター類、紙パックなどに充填された果実系飲料でした。ペットボトル飲料の事例では、未開封状態での長期間保管や開封後の冷蔵庫保管でカビが発生した例が目立ちます。

また、紙パック飲料では、流通や販売、消費段階での落下や衝突によりシール部分が開口した結果、カビが発生する事例が後を絶ちません。これらに加え、近年ではウォーターサーバーに関連した苦情事例も増えています。このような背景から、今後も飲料系食品での苦情発生は高い割合で推移すると予想されます。農産物については、20.3%から23.6%と若干の増加がみられます。その内訳をみると、野菜や果実と加工品が占める割合が半数以上でした。野菜や果物についてはカットした状態で冷蔵庫に保管する例がみられ、自宅の冷蔵庫内でカビが発生してしまう事例が散見されます。農産物には低温に耐性を示す種類のカビが付着している場合もあることから、冷蔵庫の利用には注意が必要です。

5 苦情原因となるカビ

2003～2007年の5年間に扱った苦情、約230事例について原因となったカビを種類別にまとめたものが、図5-5です。苦情全体でみると、ユーロチウム属（カワキコウジカビ）やワレミア属（アズキイロカビ）などの好乾性カビが全体の1/5を超え、次いでペニシリウム属（アオカビ）が18.7%、酵母類が16.6%、クラドスポリウム属（クロカビ）が14.8%であり、アスペルギルス属（コウジカビ）とケカビ類がそれぞれ3.5%でした。これらの事例のうち、苦情発生の割合が高い飲料のみをみると、酵母類が1/4を超えて検出され、次いでペニシリウム属が19.2%、クラドスポリウム属が約15%、アスペルギルス属とケカビ類が約8%と続き、苦情全体で最も多かった好乾性カビは0%でした。このように、食品の種類によって苦情原因になりやすいカビの種類は変わります。このようなことから、それぞれ取り扱う食品群の特徴とカビ苦情発生のリスクを正しく把握することが重要になります。

図 5-4 食品群別のカビ苦情事例の比較

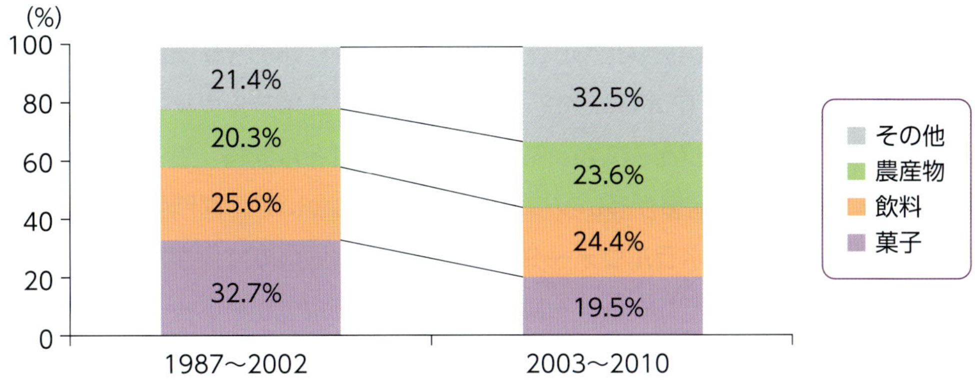

図 5-5 食品苦情原因となったカビの種類

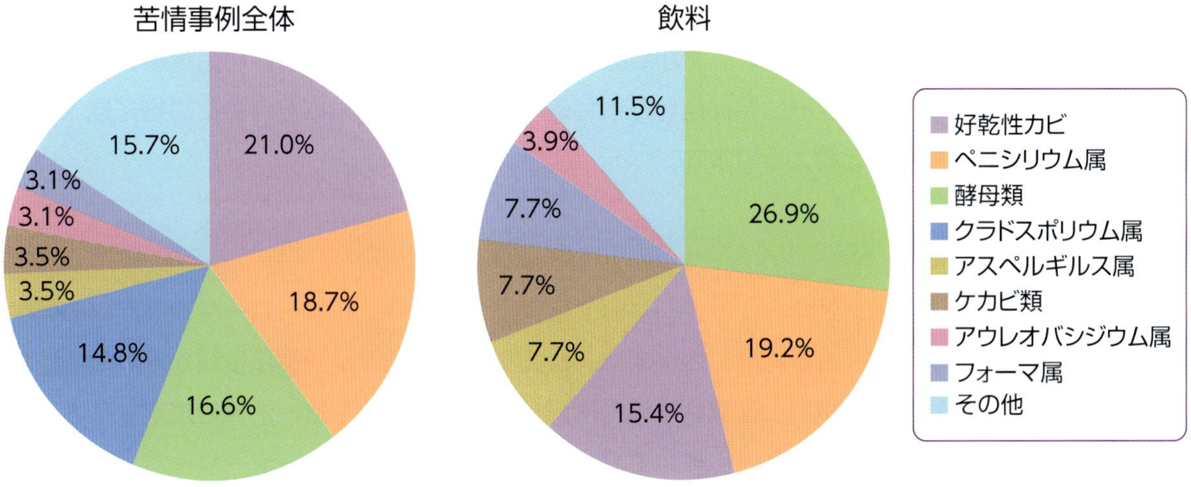

図 5-6 飲料種別カビ苦情事例の割合

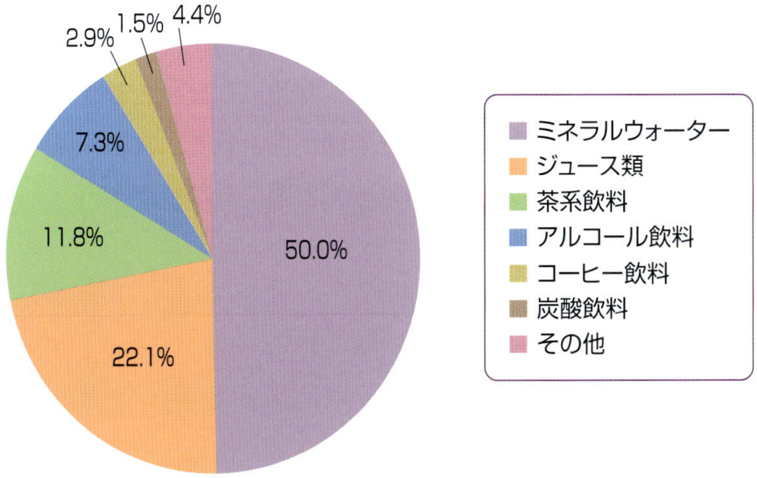

6 飲料での食品苦情

都内での苦情発生割合が高い飲料について、2003～2007年の5年間に扱った事例を飲料の種別でまとめたものが、図5-6（P.47）です。これをみると、ミネラルウォーターで発生する事例が半数を超えており、次いで、ジュース類、茶系飲料、アルコール飲料、コーヒー・炭酸飲料と続きます。図5-7は、国内での生産量が多いソフトドリンク類について、種別生産量の年次推移をみたものです。これをみると、ミネラルウォーター以外はほぼ横ばいです。また、国内生産量がもっとも多いものは茶系飲料、次いでコーヒー・炭酸飲料、ミネラルウォーター・果実飲料の順になっています。これらのソフトドリンクについて、都内で発生した苦情と比較したものが、図5-8です。この結果、国内生産量が多い茶系飲料や炭酸・コーヒー飲料に比べ、少ない生産量であった果実飲料とミネラルウォーターでの苦情が多くみられました。

果物は、カビの栄養源となる糖類を多く含みます。また、カビは植物に対して病原性をもつ種類が多いため、果実飲料はもともとカビが生えやすい食品です。加えて、果実飲料は紙パック容器に入った製品が多く、落下や衝突によってカビが混入してしまうケースがみられます。一方、ミネラルウォーターについては2000年に入ってから国内生産量が急増し、これに伴い苦情事例数も増加しています。ミネラルウォーターは製品自体が無色透明であるため、カビを含めた異物が混入している場合、発見されやすいと考えられます。

7 近年の特徴

飲料での苦情については、近年、インターネット販売品やウォーターサーバー関連製品での発生が目立ちます。インターネット販売品については、販売業者の知識不足や製品情報を十分に把握しづらいことに加え、一般的な食品とは異なる流通形態が存在します。また、法律で規定する表示情報が不十分など、製品の違反率も他と比較して高い傾向にあります。ウォーターサーバーについては、サーバーの定期清掃不足や未使用状態での長期間放置、サーバー水の保管方法が悪かったなど、使用者側に原因があったと考えられるものと、ボトルに詰める原水自体が菌に汚染されていたなど、販売者側に原因があったと考えられるものがあります。

また、ミネラルウォーターについては異味や異臭による事例も多く、近年では放線菌によるカビ異臭事例が散見されています。放線菌はカビではありませんが、ジェオスミンやボルネオールといったカビ臭物質をつくる種類が存在します。カビ臭物質は、微量であっても人の鼻が感じとることができるため、製品中の汚染菌数が少なくても、消費者側では異常と感じる場合があります。また、ミネラルウォーターは一見、きれいに見えるため、扱いが雑になりがちです。しかし実際は、従属栄養細菌と呼ばれる栄養分が少ない環境で生育できる菌が含まれています。加えて、菌の発育を抑制する残留塩素が少なく、これらの菌の死骸はカビの栄養源にもなります。

図 5-7 ソフトドリンク生産量の推移

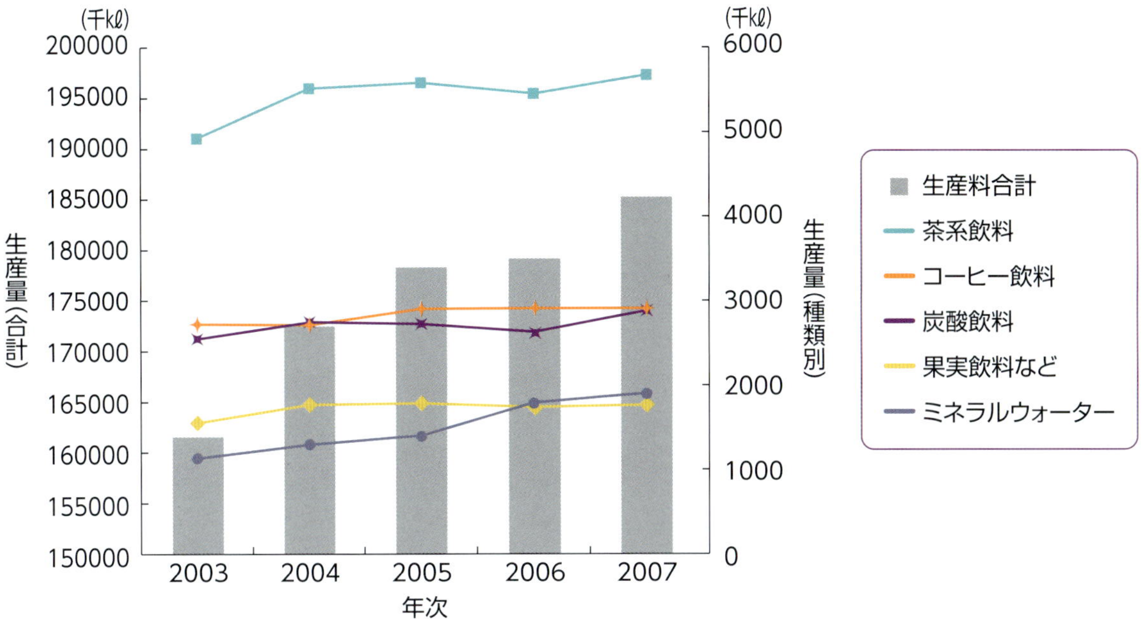

出典　一般社団法人 全国清涼飲料工業会　http://www.j-sda.or.jp/statistically-information/stati02.php

図 5-8 種別国内生産量と苦情事例の比較（2003 ～ 2007）

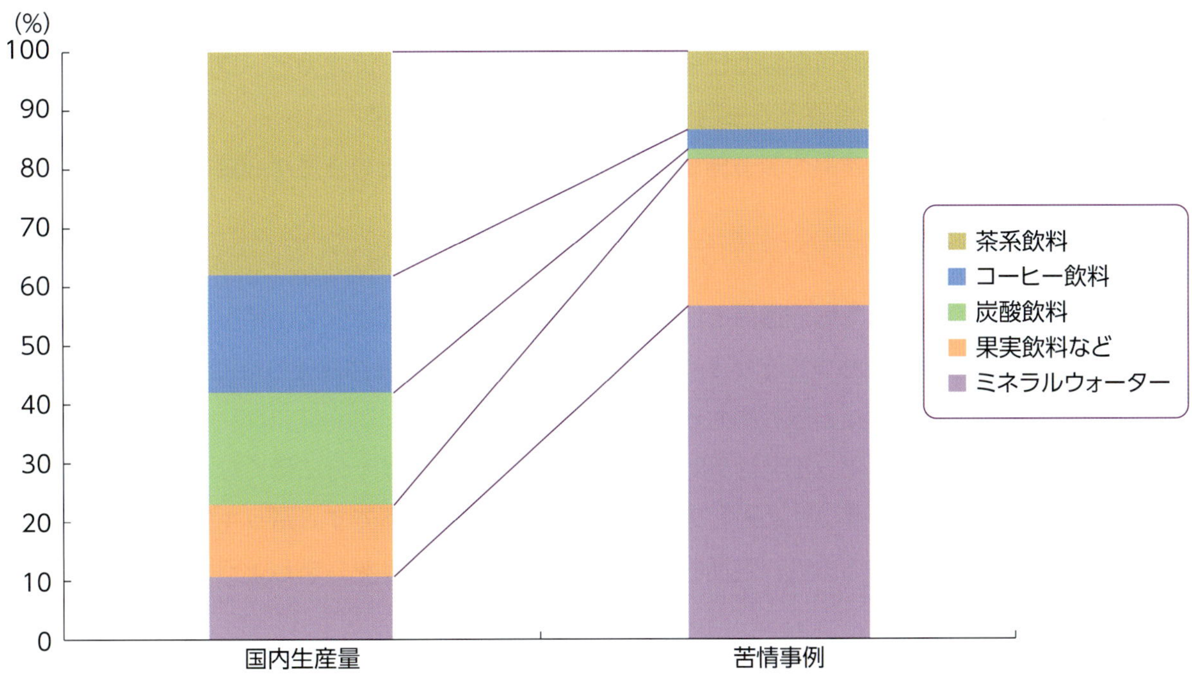

6 知ってておきたい制御・データ

物理的な制御策

冷凍、冷蔵

POINT

1. 冷凍下でカビはほとんど発育しないが、死滅することはない
2. 冷蔵下でカビの発育は抑制されるが、長期間保存すると目に見えるまでに発育する
3. 冷凍・冷蔵の温度管理の不備によるカビの発生事例が多い

1 冷凍

冷凍下では、細菌、酵母などのほかの微生物と同様にカビは発育しません。カビは冷凍によって死滅すると誤解されがちですが、ほとんど死滅することはありません（図6-1）。解凍するとカビは活性を取り戻して発育します。

2 冷蔵

10℃以下の冷蔵下では、多くのカビの発育は抑制され、冷蔵温度は低いほど発育速度は遅くなります。一方、低温域で発育可能なカビも存在します。クロカビ、アオカビ、フォーマ、アカカビなどは低温に耐性があり、冷蔵下でも目に見えるまでに発育します（図6-2）。これらのカビは冷蔵環境下で活性を維持し、食品や製造施設を汚染する場合もあるため注意が必要です。

3 冷凍または冷蔵食品のカビ汚染対策

要冷凍・要冷蔵の食品は常温流通品と比べて一般的に加熱の程度が低く、保存料が未使用、水分活性が高いといった性質をもつことが多く、カビの発育しやすい条件がそろっているため、流通・販売時の温度管理が不十分だと思わぬカビ汚染を招きます。

冷凍・冷蔵庫の扉のパッキン部分は外気と触れているため温度が十分に低くならず、また、菌糸がパッキン部分に侵入しやすいためカビの発育が多くみられる場所です。パッキン部分から保管環境が汚染される可能性があるので、定期的な洗浄や結露の拭き取りをしましょう。

図 6-1 解凍後のカビの菌数

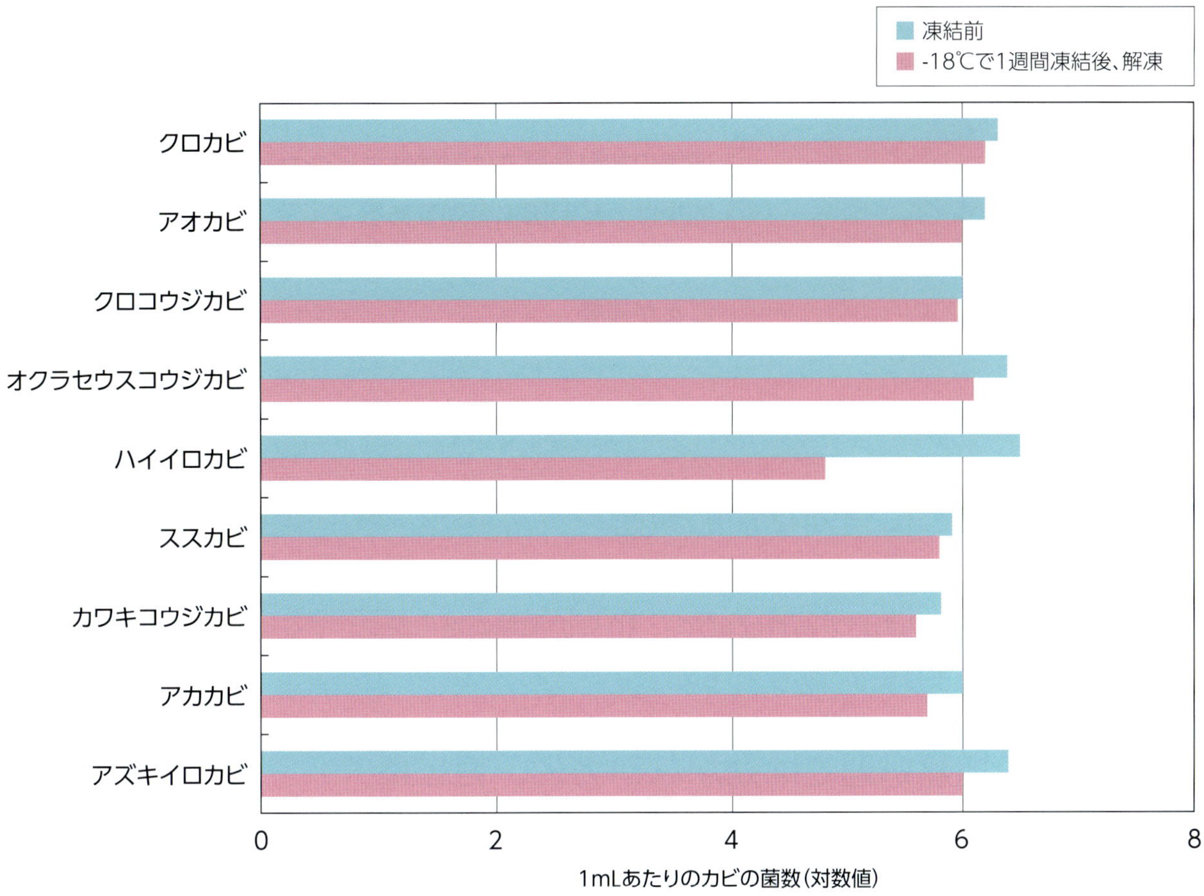

図 6-2 各温度帯におけるアオカビ集落の直径

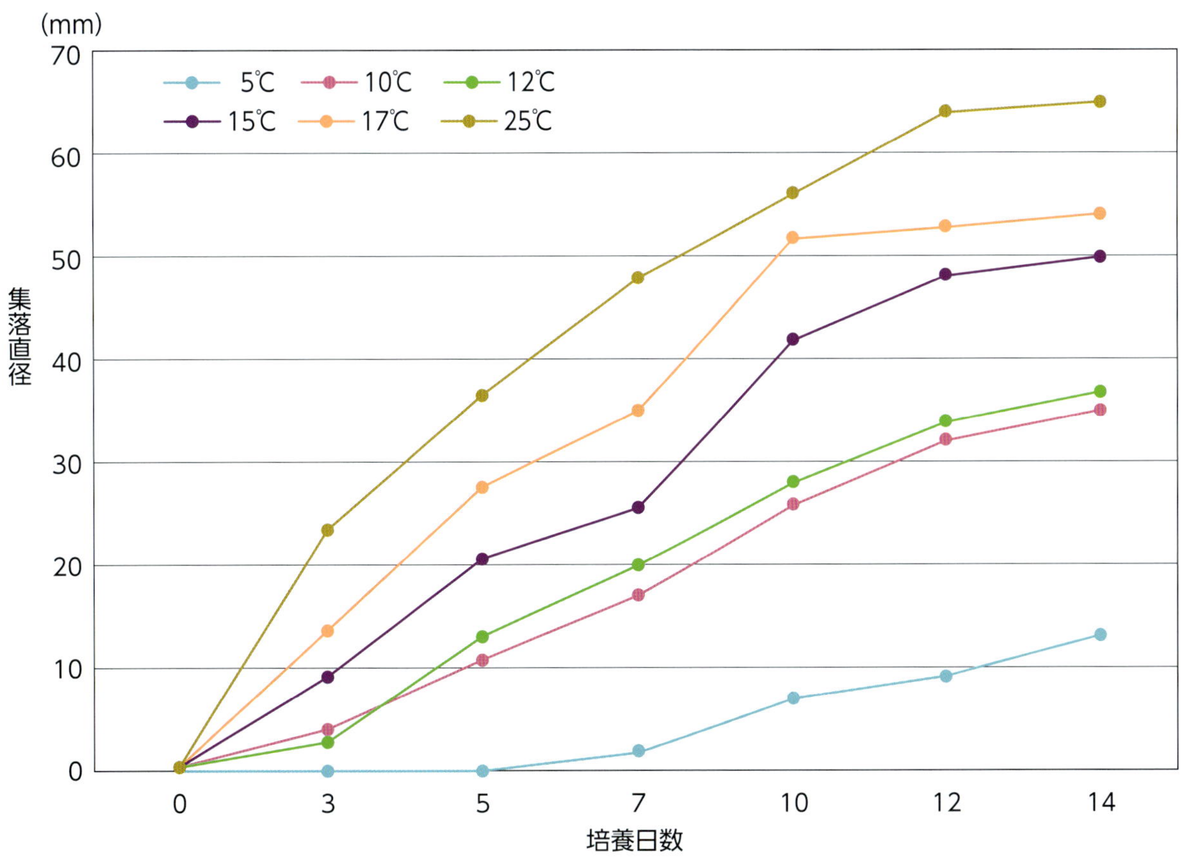

物理的な制御策

熱、乾燥

POINT

1. 多くのカビは60℃、30分程度の加熱処理（湿熱）で死滅する
2. 通常の加熱処理では耐熱性カビやカビ毒は不活化されない
3. 乾燥はカビ制御に有効である
4. 乾燥食品でもカビは生き残っているので、湿気を加えないことが重要

1 多くのカビに有効な加熱殺菌

細菌や酵母と同じように、カビに対しても加熱殺菌は有効です。カビは種類や構造により耐熱性は異なりますが、通常のカビであれば60℃、30分の加熱処理（湿熱）で死滅します。乾熱よりも湿熱で殺菌効果は高まります（図6-3、6-4）。

2 通常の加熱処理では効かないカビ、カビ毒

一方、カビのなかには耐熱性の高い細胞をつくる菌種が存在します。その1つに耐熱性カビと呼ばれるものがあり、80℃の湿熱に耐える胞子をつくるため通常の加熱条件では死滅しません。耐熱性カビによる果汁飲料や果実・野菜の瓶・缶詰の汚染事例があります。

また、一部のカビが産生するカビ毒は耐熱性が高く、カビ毒で汚染された食品を加熱処理してもカビは死滅しますが、カビ毒は残ってしまうため、注意が必要です。

3 乾燥により食品の保存が可能

カビの生育には水が不可欠であり、湿度、水分活性、水分含量に影響を受けます。食品を乾燥させる場合は、湿度、水分活性、水分含量をカビの発育可能域よりも低くすることで、カビの発生を防ぐことができます。

主な乾燥方法には、天日乾燥（ドライフルーツ、乾燥昆布など）、真空凍結乾燥（フリーズドライ食品）、乾燥剤による方法（菓子類）があります。

4 乾燥食品のカビ発生を防ぐには

乾燥によってカビの発育を抑えられますが、カビは死滅していません。胞子の状態で生き残り、湿気が加わると発育を開始します。このため製造から流通、販売までの間に食品の加湿を防ぎ、カビ発育を防止することが必要です。チョコレートなどの水分活性の低い食品でも保管時の温度差によって生じた結露が原因となりカビが発生することもあるため、注意が必要です。

図 6-3 湿熱によるカビの殺菌効果

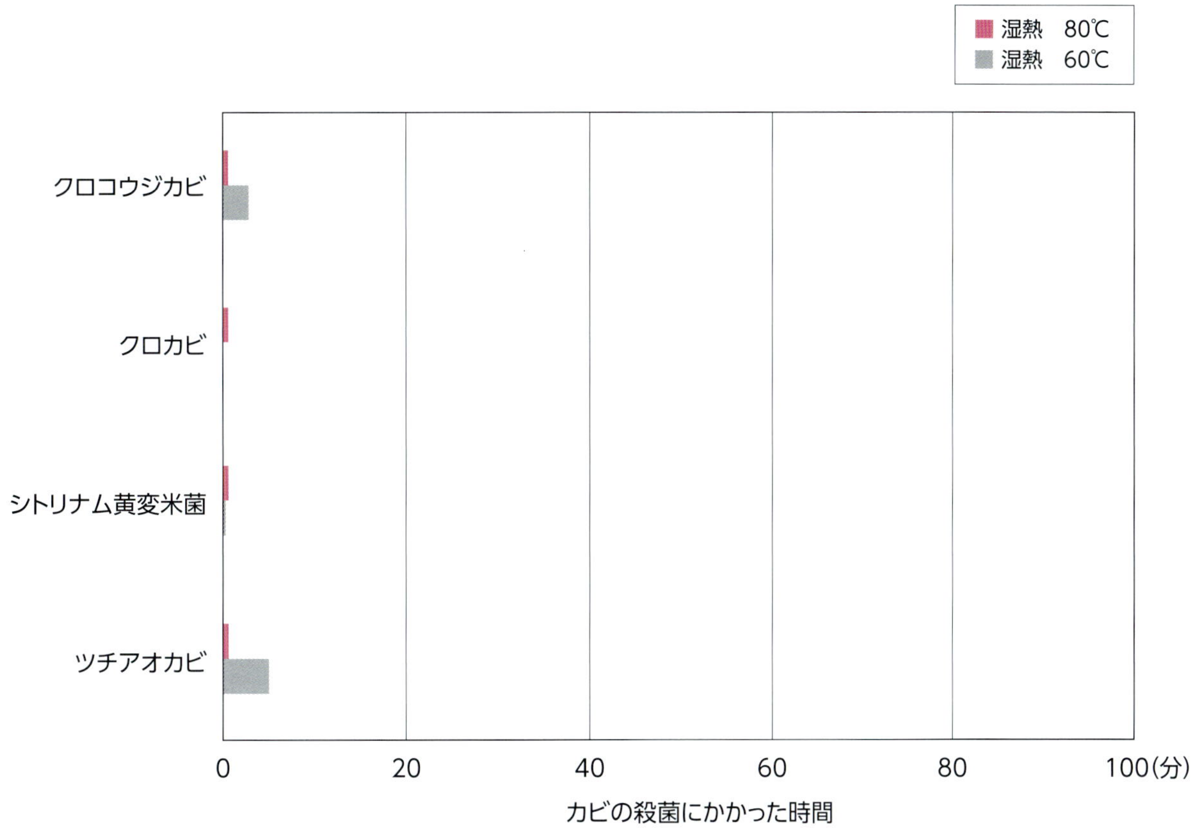

図 6-4 乾熱によるカビの殺菌効果

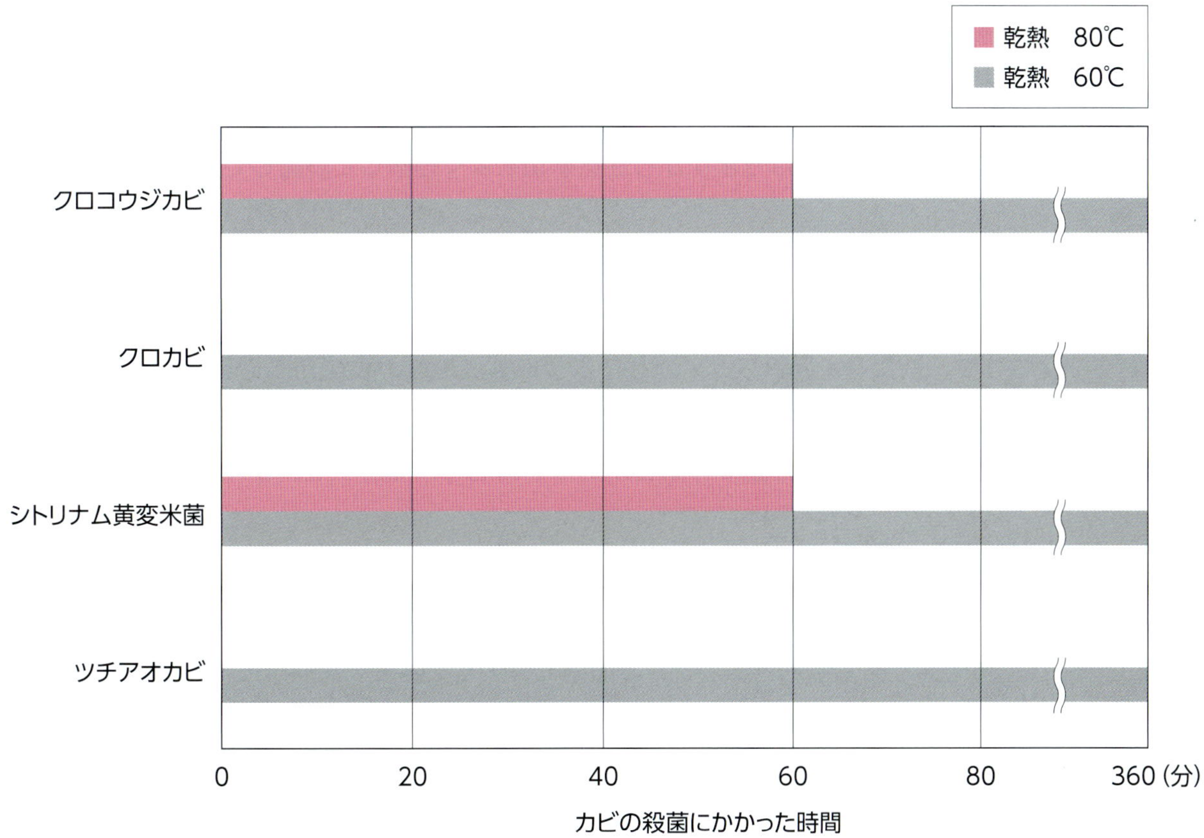

※乾熱　60℃では 4 菌とも 360 分以上になります

物理的な制御策

紫外線

POINT

1. 紫外線波長のうち254nm領域が強い殺菌・殺カビ作用を示す
2. 紫外線処理は製造環境の空間および液中で応用されている
3. 紫外線は直接照射することで殺菌や殺カビ効果が得られる
4. 紫外線は生体に対してタンパク変性作用、DNA障害、発がん性を認めることから使用に際しては細心の注意を払う

1 殺カビ波長

紫外線波長のうち254nmはもっとも細胞に吸収されやすく強いダメージを及ぼし、微生物に対しては殺菌や殺カビ作用があります。カビに対する有効性は菌種、細胞構成、細胞壁の色素の有無により大きく異なります。基本的にはカビ胞子が無色で単細胞である場合は極めて有効です。しかし、多細胞性または暗色系のカビ胞子に対しては殺カビ効果が弱くなります。たとえば、空中飛散するアオカビには殺カビ能がある一方、ススカビでは殺カビ効果はほとんど期待できません（図6-5）。一般にカビに対する有効性は細菌より10倍の照射を必要とします。

2 紫外線照射の応用

紫外線による微生物制御は多くの製造環境でみられます。紫外線装置の設置場所は壁や天井が多く、また製造環境では包装室、無菌室などで用いられています。食品企業での設置目的は微生物の殺菌ですが、紫外線は設置場所から離れるほど相乗的に効果が弱まります。したがって照射する対象に近ければ効果を発揮しますが、離れた場所での効果は極めて微弱です。なお、紫外線装置は各メーカーにより照射強度などが異なりますから注意事項をよく理解して設置してください。

3 安全性

紫外線照射による人体への悪影響が問題となります。長時間または高照射量を浴びることで皮膚タンパクを変性させ、ただれ、発赤など火傷したようになったり、眼が充血することもあります。皮膚がんを引き起こすことも知られています。紫外線が照射されている時はなるべく近づかないでください。できれば紫外線の直接照射は作業者がいない時間帯に点灯するようにしてください。

4 紫外線照射の盲点

製造環境での紫外線照射は微生物に有効ではありますが、直接照射されない限り効果は得られません（図6-6）。また、カビの生えたところへの照射ではカビの生えた表面部分には多少とも有効ですが内部の菌体にはまったく効果がありません。

図 6-5 カビ死滅率 99.9%の紫外線照射量

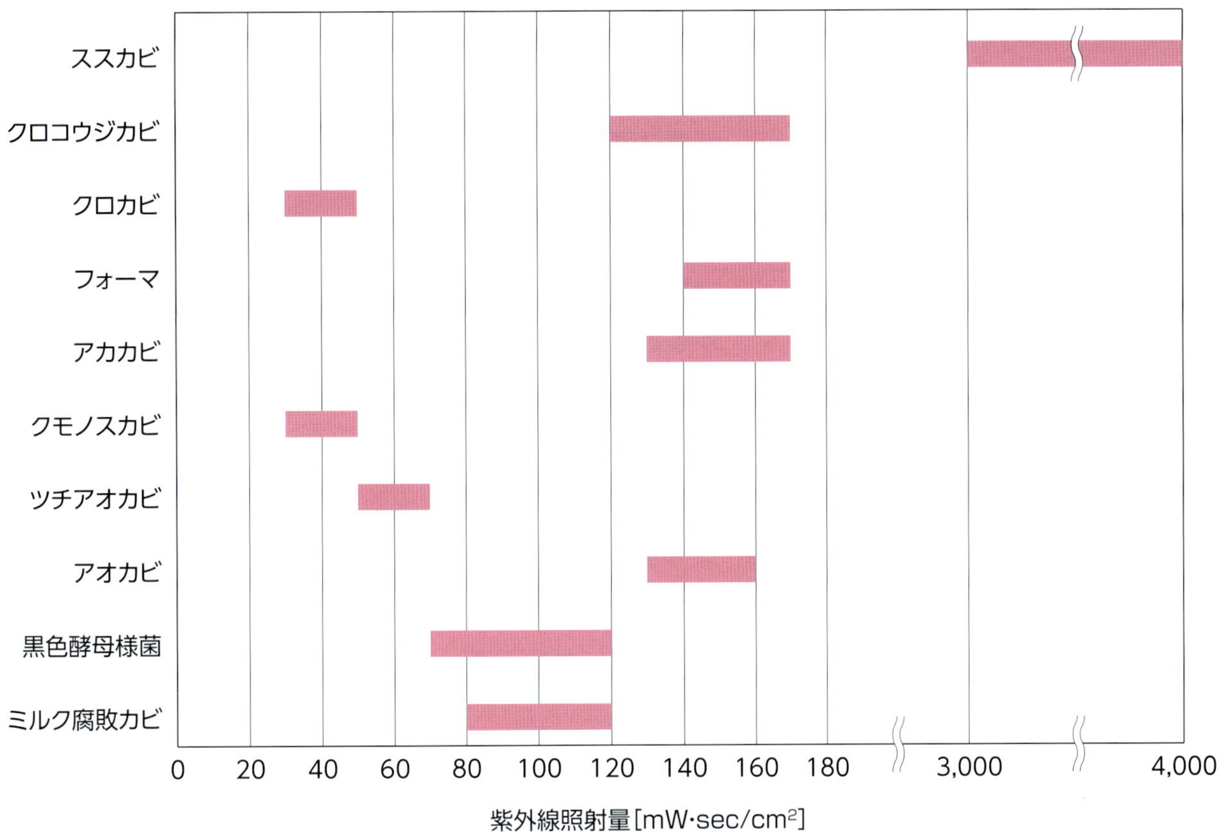

図 6-6 紫外線照射の注意点

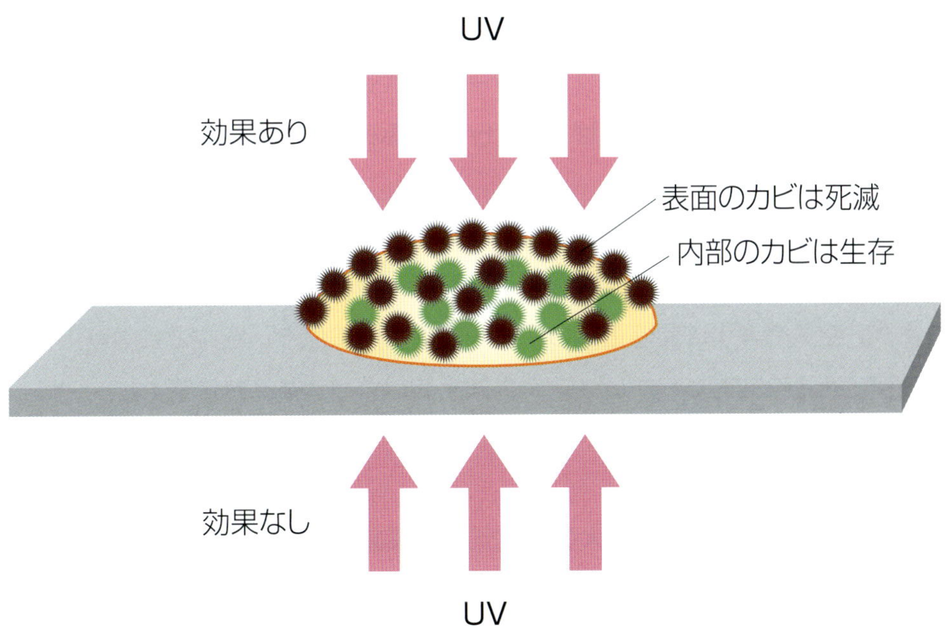

※イラストはイメージです

物理的な制御策

空気清浄化

POINT

1. 空中のカビなど微生物を物理的に除去し、空気の清浄化を図る
2. 装置は高性能フィルターにより細粒子を通過させない構造となっている
3. 製造環境では清浄区域に設置されることが多い
4. 空気の清浄化には限界があることから有効期限を十分把握すること

1 製造環境の空気環境

食品製造現場の空気環境は製造工程により異なりますが、一般的に塵埃を含めて多種の微粒子が飛散しています。そのなかにカビも飛散しています。製造環境の空中カビが製品に落ちてカビ被害を伴うのは製造環境の空気が必ずしも無菌ではないからです。こうした食品事故を防ぐ手段として各種性能をもったフィルターの設置が効果的です。

2 空中カビの形態と粒径

空中に飛散するカビは目視できません。空中では塵埃に付着して飛散しているか、カビ胞子や菌糸体の状態で飛散しています。また、カビは空中にあって1μm以下の微砕片となって空中で飛散していることもありますが、その状態ではカビは死滅しています。いずれにしても生残しているカビと関わる微粒子が空中で飛散している場合、最小の粒径は3μm以上になります（表6-1）。

3 高性能フィルターによる空気清浄化

製造環境では高性能フィルターを設置し空気の清浄化を図ります。高性能フィルターはJIS規格で0.3μm微粒子を確実に捕集できるエアフィルターとされています。すなわち高性能フィルターではカビ胞子のような大きさは通過できません。さらに細菌の細胞は大きさが1μm前後ですから、細菌も捕集することができます。

通常このようなエアフィルターの素材はガラス繊維のろ紙、ガラス繊維にセルロース繊維を混合したろ紙等が用いられます。現場で使用する場合は前置フィルターをつけ、あらかじめ大きい粒子の塵埃を除去します。空気清浄化は製造工場の空気環境を清浄に保ち、空中カビを有効に制御しますが、空気の汚れ具合をよく把握しながらメンテナンスを行う必要があります。

4 和菓子工場での事例

小規模の和菓子工場（広さ約35m^2）に大型の空気清浄装置を設置し、装置を作動させた前後の空中カビ数を測定しました。空中カビ数の測定は装置の作動前から作動2時間後まで、エアーサンプラー捕集により行いました。その結果、作動前後では200Lあたりのカビ数は100～200個でしたが、作動2時間後には明らかに減少していることがわかりました（図6-7）。

表 6-1 空中カビの大きさ

カビ	大きさ（μm）
アクレモニウム	3
アズキイロカビ	3 ～ 4
黒色酵母様菌	3 ～ 4
アオカビ	3 ～ 5
ツチアオカビ	3 ～ 5
コウジカビ	4 ～ 6
クロカビ	4 ～ 8
クモノスカビ	6 ～ 9
ハイイロカビ	7 ～ 12
ケタマカビ	8 ～ 14
アカカビ	15 ～ 35
ススカビ	20 ～ 35
菌糸体	4 ～数百
細菌	1
酵母	3 ～ 5
カビの微砕片（死滅した細胞破片）	1 以下

空気清浄機作動前

空気清浄機作動

空気清浄機作動 2 時間後

図 6-7 空気清浄装置作動前後の空中カビ数（和菓子製造工場）

工場の広さ：約 35m^2、エアーサンプラー・200L 吸引によるカビ数、使用培地・M40Y 寒天培地

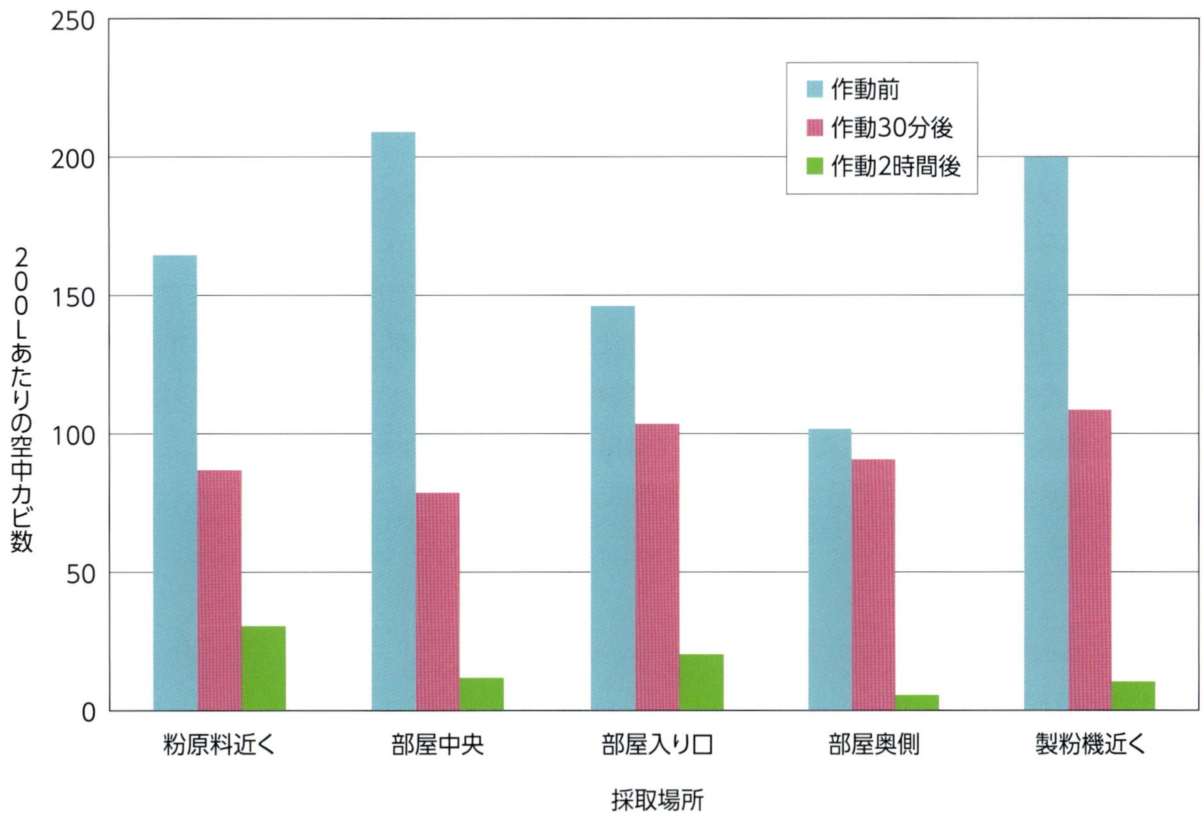

化学的な制御策

消毒薬

POINT

1. 消毒薬とは化学的機序により微生物やウイルスを死滅させることを目的として使用される薬剤である
2. 製造環境で汎用される消毒薬としてエタノール、塩素剤がある
3. エタノールや塩素剤はカビを短時間で死滅させることができる有効な消毒薬である
4. 消毒薬の正しい使い方をよく理解する必要がある

1 消毒

消毒とは対象微生物の数を減らすための処置法で病原性を示さない水準にまで微生物を死滅させることです。一般には製造環境にみられるカビや細菌などを含めた微生物を死滅させるという意味でこの用語を使っています。

消毒薬の種類は多く、そのなかで食品製造環境に汎用されるものとして、アルコールではエタノール、また塩素剤では次亜塩素酸ナトリウムがその代表です（表6-2）。

2 エタノール消毒

食品製造環境で使用される消毒薬の代表はエタノールです。安全性が高いことから手指、器具、着衣などさまざまなところで使うことができます。カビに対しては極めて殺カビ性が高く有効な消毒薬といえます。通常使用する濃度は70％前後です。ただし、70％濃度で処理したカビの多くは30秒前後で死滅しますが、濃度が低くなると効果は弱まりますので有効濃度を守って使用してください（図6-8）。なお、欠点として引火性がありますので注意して使用してください。

3 塩素消毒

塩素剤として汎用される次亜塩素酸ナトリウムも製造環境でよく使われます。使用適正濃度は食品や環境などそれぞれ異なる条件に対応して濃度を決めています。たとえば、有効塩素濃度100ppmでは食品環境カビに対する殺カビ時間が10～30分であり、200ppmでは10～20分で有効です（図6-9）。塩素剤はこのように殺カビ性はありますが、欠点もあります。たとえば、手指など体表に触れると刺激性が強いこと、金属腐食性が強いこと、強い臭気をもつためなるべく開放した環境で作業すること、有機物存在下ではほとんど殺カビ効果が期待できないことなどです。したがって使用に際しては十分な注意が必要です。

表 6-2 消毒薬が適応できるものや環境はどこか

消毒薬	手　指	金　属	非金属	製造環境	汚れた器物
過酢酸	×	○	○	×	×
グルタラール	×	○	○	×	×
次亜塩素酸ナトリウム	×	×	○	○	△
ポピドンヨード	○	×	×	×	×
エタノール	○	○	○	○	△
イソプロパノール	○	○	△	○	△
フェノール	×	△	△	△	○

○：使用できる　×：使用できない　△：使用に際して注意する

図 6-8 各濃度エタノールのカビ死滅にかかる処理時間

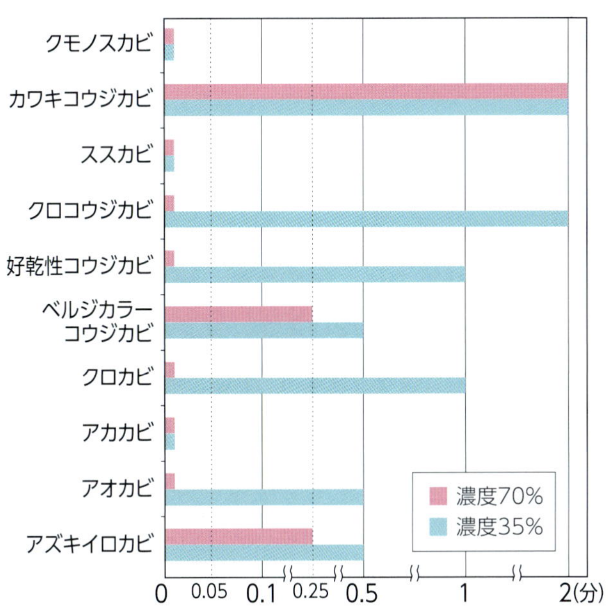

図 6-9 次亜塩素酸ナトリウム溶液の殺カビ試験結果

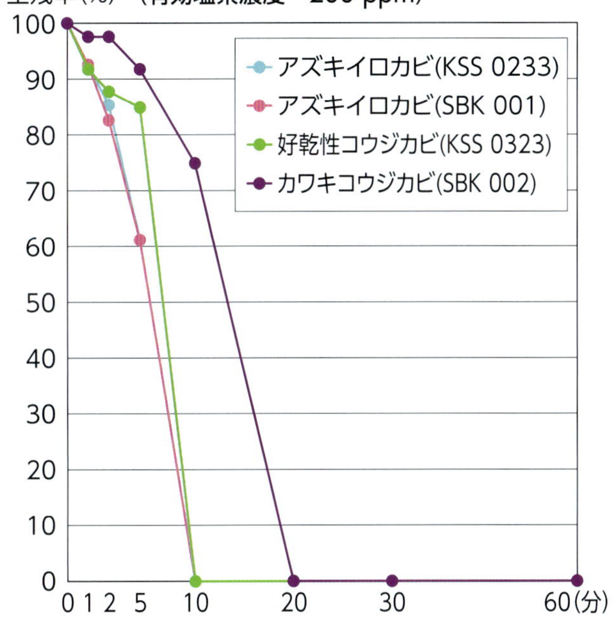

コラム

抗カビ

食品や生活環境周辺で抗カビという表示をよく見かけます。ところで抗カビとはどのような範囲をいうと思いますか？　カビを根こそぎやっつける（死滅する）と思っている方が非常に多いようです。実は、カビを多少とも制御ができる状態をすべて合わせて抗カビといっています。たとえば、カビを抑える表示として殺カビ、静カビ、除カビがあり、このすべてが抗カビに該当します。ちなみに殺カビとは、多少ともカビを死滅させること、静カビとは、カビの発育を抑えることで死滅させることではありません。また除カビは物理的な制御で空気の清浄化が該当します。なお、除菌については対象物などに含まれる微生物の数を減少し清浄度を高めることとされています（日本石鹸洗剤工業会 HP より）。

さらに滅菌と殺菌は違います。滅菌はカビも含めてすべての微生物を死滅させることです。

日用品として用いているなかにはこうした用語が混乱して用いられています。抗カビだからといってすべてカビをやっつけるとは限りません。ご用心を。

化学的な制御策

脱酸素剤
（酸素吸収剤）

POINT

❶ 脱酸素剤の効果として、食品の酸化防止、変質防止、金属の防さび効果などがある

❷ 酸素濃度0.1％以下ではカビは休眠状態となる

❸ 食品でのカビ汚染は主にものの表面でみられ、内部ではほとんど発生しない

1 脱酸素剤とガスバリアー性フイルム包装

脱酸素剤の効果は、①カビ発生防止、②油脂、ビタミンの酸化防止、風味変化および変色防止、③虫害防止、④金属の防錆です。

通常脱酸素剤の酸素濃度は0.1％以下であり、カビの発生防止には極めて有効です。脱酸素剤を適正に使用するためには、ガスバリアー性の高い包装材料が必要です（表6-3）。

2 酸素要求性

カビの多くは酸素要求性が高く、低酸素中では発育しませんが、カビの種類により低酸素濃度に抵抗して発育をするカビもあります。たとえば、ケカビ、耐熱性カビ、子のう菌、好稠性カビなどですが、それでも酸素濃度が0.1％程度になるとほとんど発育しなくなります。また酸素濃度1～5％程度の低酸素状態ではゆっくりと発育するようになります（表6-10）。しかし、発育する姿は、菌糸が主で胞子形成までには至りません。この条件を食品にあてはめると、食品の表面は好気的ですが、一方内部は酸素が少ない状態です。そのため内部ではカビが発育することはほとんどありません。

3 脱酸素状態でカビは死滅しない

酸素濃度が0.1％以下になると休眠状態になります。その休眠は不活化されることなく長期間活性を維持したままです。つまり死滅することなく、いつか発育するチャンスをうかがっています。

表 6-3 ガスバリアー性フィルム包装

● **酸素吸収剤封入包装**

特　性　ガスバリアー性、防湿性
素　材　KOP/LDPE、ONy/LDPE、PET/EVOH/LDPE
主な用途　もち、和菓子、米飯など
（素材略称　Ny: ナイロン、ONy: 二軸延伸ナイロン、LDPE: 低密度ポリエチレン、KOP: ポリ塩化ビニリデンコート、PET: ポリエチレンテレフタレート、EVOH: エチレン - ビニルアルコール共重合体）

（参考）真空包装
特　性　ガスバリアー性、防湿性
素　材　ONy/LDPE、PET/ アルミ蒸着 PET/LDPE、Ny/EVOH/LDPE
主な用途　畜産加工食品、水産加工食品、生めん、野菜など

図 6-10 各酸素濃度による食品カビの発育度

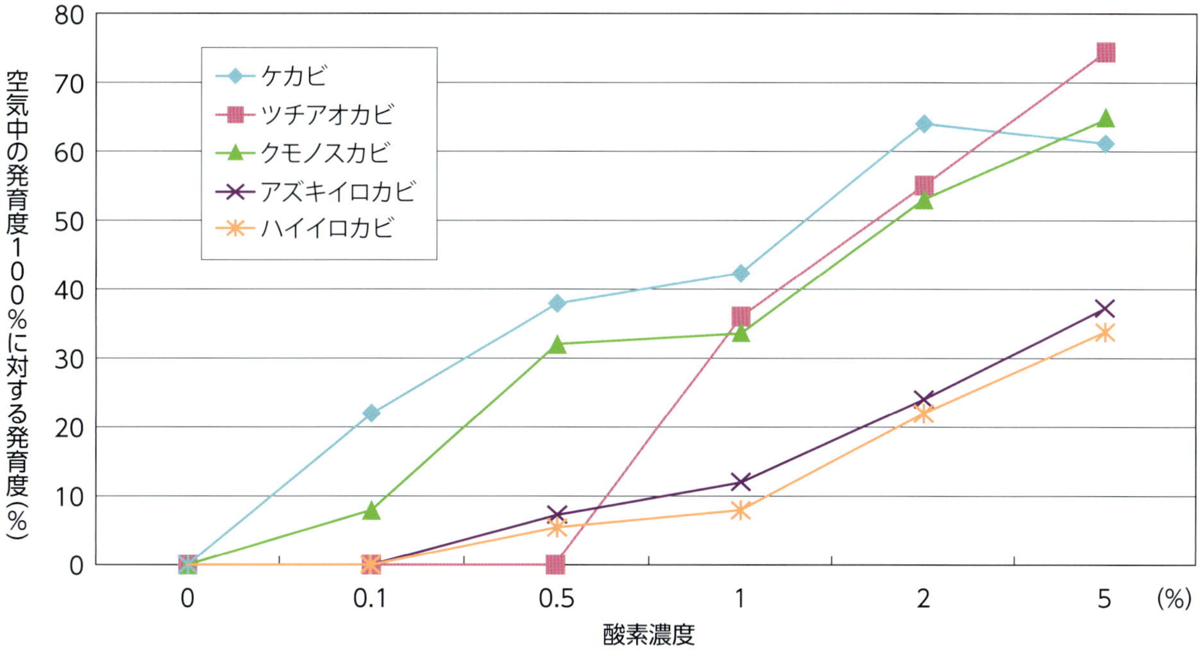

出典　柳井昭二：日本食品工業学会誌，27 (1)，20-24 (1980)

コラム

脱酸素剤の食品への応用

冷蔵庫のない時代には高塩分、高糖分で食品を保存する方法がとられていましたが、それらは高血圧やその他の病気を引き起こします。そこで脱酸素剤が市場に出てきました。

新しいプラスチックフィルム包装と脱酸素剤のおかげでお菓子の賞味期間が飛躍的に延びました。ただし、単純に脱酸素剤をお菓子にくっつければよいというものではありません。脱酸素剤は密封容器と組み合わせてはじめて効果が出ます。すべての脱酸素剤は、その袋周囲の酸素を吸着する作用をもっています。つまり、お菓子の入った袋のなかを酸欠にしてしまうというわけです。こうするとお菓子の表面に貼りついているカビは、死滅することはありませんが、生えることもありません。

なお、ほとんどのカビは酸素のある好気的な条件で発育しますが、同じ微生物のなかにはボツリヌス菌などかえって嫌気的な状態で増殖するものもいますので、嫌気状態といえどもしっかりとした衛生管理が必要です。

化学的な制御策

オゾン、酸性電解水

POINT

❶ オゾンは強い酸化力をもち、殺カビ性のある気体である
❷ オゾンは腐食性が強く、特徴的な刺激臭をもつ有毒な気体である
❸ 酸性電解水とは食塩水や塩酸水の電気分解からつくられる殺カビ剤である
❹ 酸性電解水には強酸性電解水と微酸性電解水がある

1 オゾン

オゾンは酸素原子3個からなる同位体で、腐食性が強く刺激臭をもつ猛毒な酸化力の強い気体です。わが国では食品衛生法に基づき、既存添加物名簿に収載されており、食品添加物としての使用が認められています。食品分野に限らず、農業、酪農分野での応用もあります。

オゾンの殺カビ性をみると、気相より液相での効果が著しく強いことがわかります（図6-11）。オゾンを長期間吸入することで健康被害が起こる可能性があります。労働衛生に基づく規制はありませんが、オゾン存在下での長時間作業は有害であることから、活性炭入りマスクを着用して使用することが望ましいでしょう。

2 酸性電解水

わが国で開発された安全で環境を汚染しない効果的な殺菌消毒剤です。酸性電解水は、非常にシンプルな製法により製造され、食塩水や塩酸水の電気分解でつくられます。

手指洗浄で厚労省の薬事認可を得ており、また次亜塩素酸水として食品添加物（殺菌料）に指定されています。

酸性電解水の欠点は、酸性であるために金属に対して腐食やさびなどを起こすことがあります。なお、有機物存在下ではその有効性は大きく減少します。ですから殺カビ効果は期待できません。

3 強酸性電解水および微酸性電解水

強酸性電解水はpH2.7以下、また微酸性電解水はpH5.0～6.5です。両者ともに次亜塩素酸として有効塩素濃度10～60ppmで、塩酸または塩化ナトリウム水溶液を入れて電解処理してから希釈したpH5.0～6.5、有効塩素濃度10～80ppmの殺カビ性をもつ電解水です。特有の臭気をもちます。次亜塩素酸ナトリウムに比べて低濃度で殺カビ性を有すことから安全性が確保できます（図6-12）。

厚労省令第75号（2002年6月10日付）で弱酸性次亜塩素酸水として食品添加物の殺菌料に指定されました。

微酸性電解水は保存性が高く、遮光容器で1か月以上、冷蔵保存で1年間の有効性が認められています。

図 6-11 オゾン気相・液相における殺カビ率 94.5% 以上の所要時間

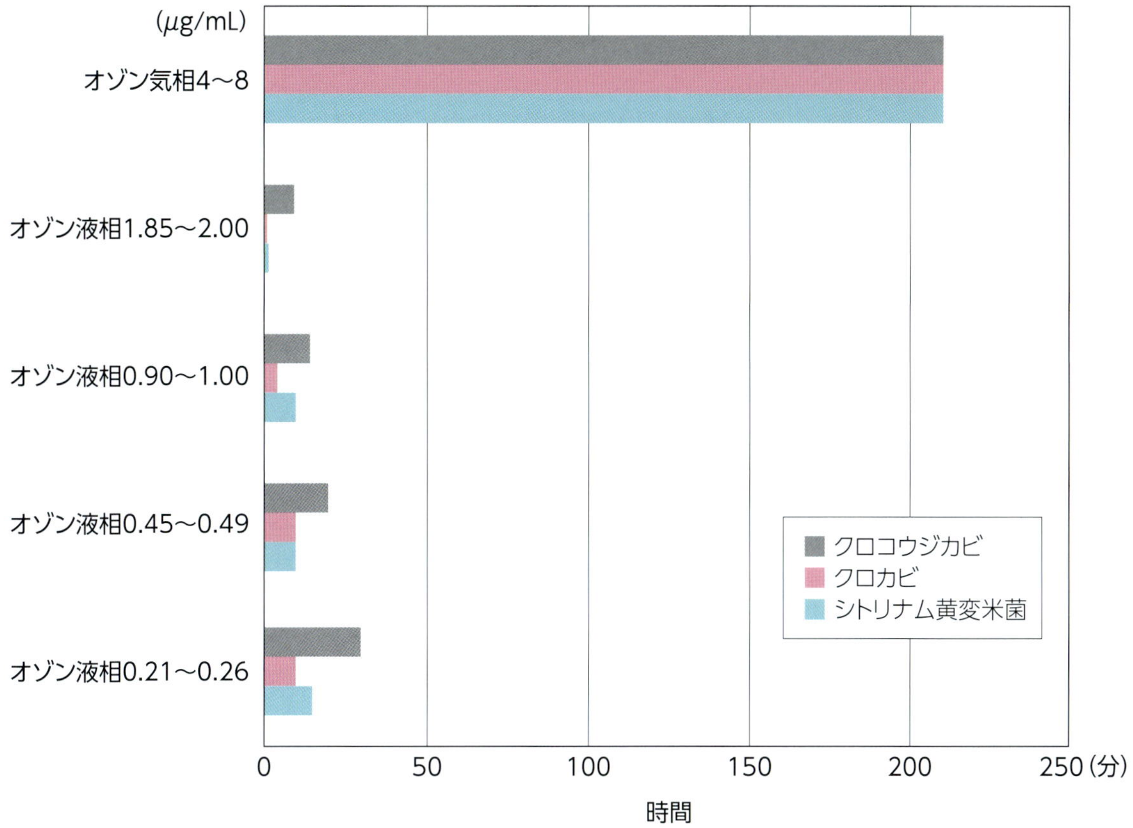

図 6-12 酸性電解水の殺カビ効果

強酸性電解水（有効塩素濃度 10 ～ 12ppm、pH2.4）を使用

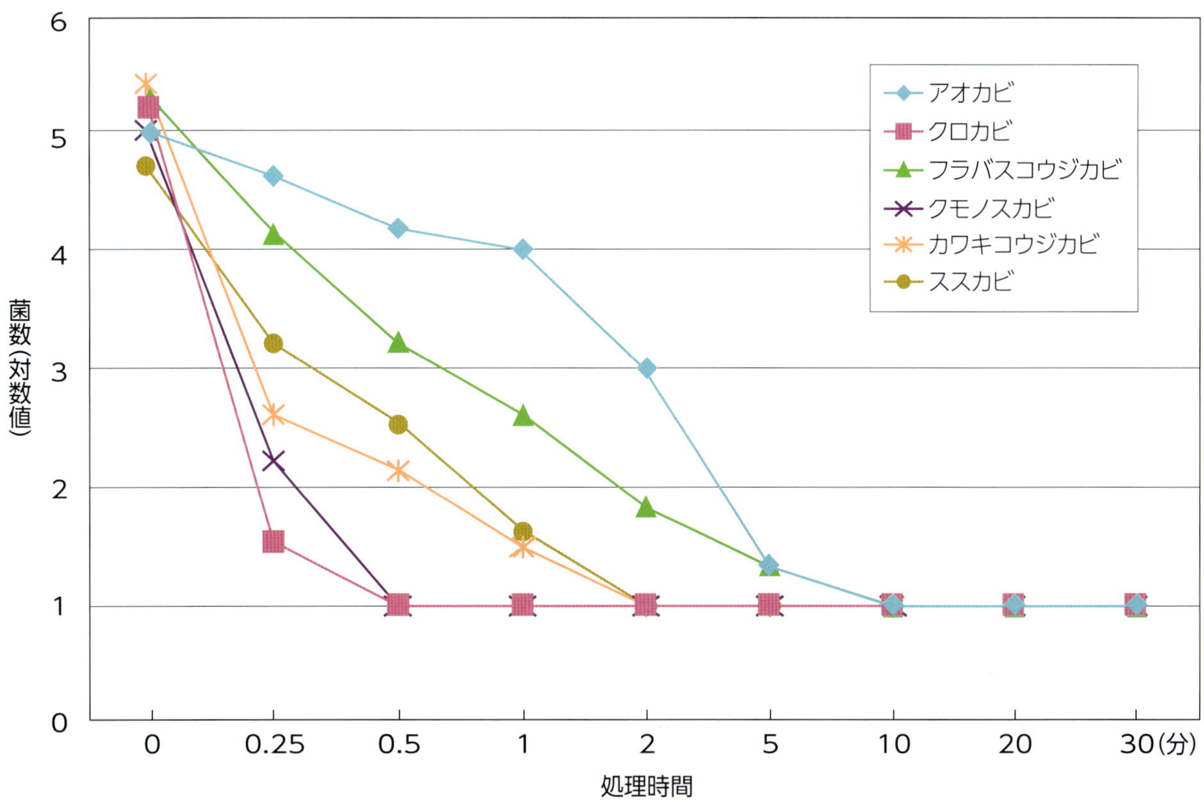

7 製造現場でのカビ制御

食品でのカビ制御

POINT

1. 食品製造現場でのカビ制御では、製造現場に存在するカビの汚染度を低く保ち、製造過程でカビを「つけない」ための汚染対策がもっとも重要となる
2. 製造環境からのカビ汚染を防止するための4つのポイント（侵入防止・発生防止・拡散防止・汚染除去）をうまく組み合わせて対策を講じる
3. カビによる事故などの問題発生時には、発育したカビの特性や製造環境・工程の状況により原因が異なるため、適切に原因を究明し、緊急的な改善や再発防止策を検討する
4. 汚染原因に対する改善を実施する際は、カビを除去するだけでなく、「なぜカビが発生したか」「なぜカビが汚染しているか」という真の原因を探る習慣をつける

1 カビの特徴と食品製造現場における制御の考え方

カビは土壌などの自然界に多く存在しており、食品製造に使われる原料にはカビが付着していることが多く、野菜や穀類などには汚染度が高いものも存在します。加熱工程のない製品では、原料由来の汚染カビが最終製品でも問題となることがあります。一方で、加熱工程がある食品では、加熱により原料由来の汚染カビの多くは死滅し、最終製品に問題を引き起こすことはほとんどありません。ほとんどのカビは熱に弱いため、カビ制御においても食品を「十分加熱する」ことは重要な制御方法となります。しかし、パンや焼き菓子をはじめとする加熱工程のある食品でもカビクレームが多く発生しています。これらのクレーム食品は、加熱後から包装するまでの間に、製造環境に存在するカビが製品を汚染したことにより発生した事例がほとんどです。したがって、製造現場に存在するカビの汚染度を低く保ち、製造過程でカビを「つけない」ための対策がもっとも重要となります。

カビクレームの多くは、製品として流通した後に消費者から「カビが発生した」として申し出がある場合がほとんどです。カビは細菌と比べて発育するスピードが遅いため、食品を製造する過程で、食品中のカビが急激に発育するようなことはありません。したがって、製品にカビを発生させないためには、製造段階で製品中のカビを増やさない管理だけでなく、流通後にカビが増えないような「製品の保存性」を考慮した商品設計（包装方法・賞味期限設定など）も重要となります。

カビの特徴と制御のポイントを整理し、自社の製造現場に合わせたカビ制御方法を検討しておくことが必要です。ここでは、製造環境に存在するカビを製品に「つけない」ための汚染対策について詳しく解説していきます。

食品のカビ汚染

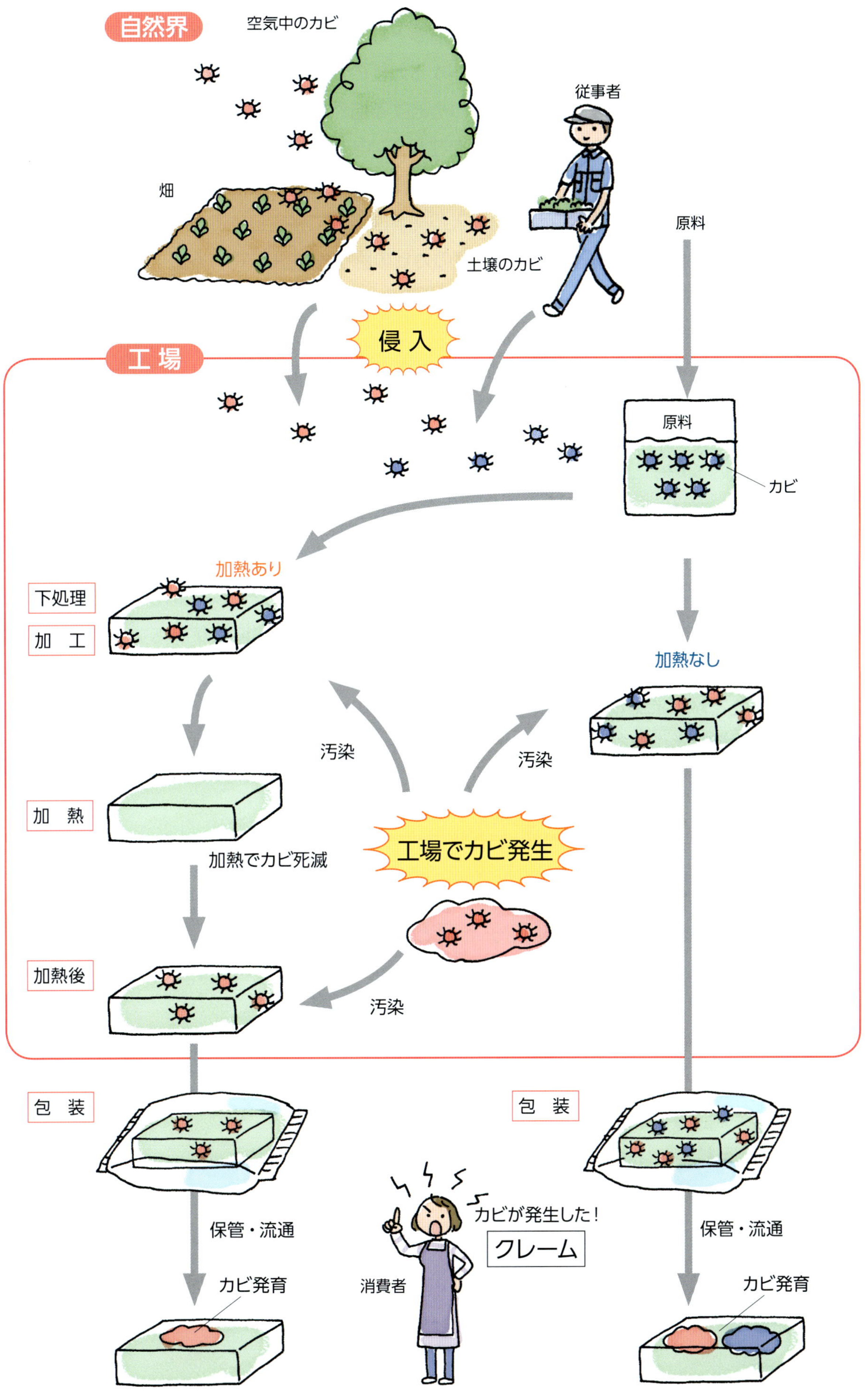

自然界
空気中のカビ
畑
土壌のカビ
従事者
原料
侵入
工場
原料
カビ
加熱あり
下処理
加工
加熱
加熱でカビ死滅
加熱後
汚染
汚染
汚染
工場でカビ発生
加熱なし
包装
包装
保管・流通
保管・流通
カビ発育
カビ発育
消費者
カビが発生した!
クレーム

2 製造環境に存在するカビの汚染経路

製造現場でのカビ制御をするうえでもっとも重要となる『製造現場に存在するカビを製品に「つけない」を徹底する』ためには、工場内に存在するカビの汚染経路を理解し、汚染度を低く保つための対策を講じていきます。カビは土壌をはじめとする自然環境中に多く存在しており、土壌には1gあたり10^4〜10^6個という多くのカビが存在しています。土壌から空気中に浮遊した胞子が、工場の窓や扉から風に乗って侵入するだけでなく、従事者や資材、食品原料などに付着して持ち込まれます。このように、工場内へのカビの侵入ルートは無数に存在しており、一般的な食品工場の床や壁などには1cm^2あたり数個〜数十個程度のカビの胞子が付着していることが多く、空気中にもカビの胞子が浮遊しています（図7-1）。工場内に入ったカビは室内の塵埃などにまぎれて生き残り、発育の機会を待っています。カビが工場内に侵入しただけでは大きな問題は引き起こしませんが、水分や栄養などの条件が整うと、カビが発育して大量の胞子を形成します。大量の胞子が、工場各所へ拡散し、工場内のカビ汚染度が高まると、製品へのカビ汚染事故が発生しやすい危険な状況に陥ります（図7-2）。

3 製造環境に存在するカビの汚染を防止するための4つのポイント

製造環境に存在するカビの汚染経路を遮断するためには、①屋外から工場内に侵入・持ち込まれるカビを最小限にする（カビの侵入を防止する）、②工場内に侵入してしまったカビを発生させない（カビの発生を防止する）、③工場内で侵入・発生したカビが場内に拡がらないようにする（カビの拡散を防止する）、④工場内に侵入・発生したカビは速やかに除去する（汚染・発生したカビを除去する）ことがポイントとなります。製品にカビ汚染が生じやすい場所を中心に、製造環境に存在するカビの汚染防止策を検討していきます。

汚染防止の4つのポイントの概要

1 カビの「侵入を防止する」
原料や資材、身体についた胞子を落とす、屋外の汚染された空気の屋内流入を防ぐ など

2 カビの「発生を防止する」
壁の結露防止・乾燥、適切な清掃により栄養源となる汚れを除去する、防カビ塗装する など

3 カビの「拡散を防止する」
空気の流れやヒトの動線を適切に管理する など

4 汚染・発生したカビを「除去する」
空中に浮遊したカビを紫外線等で殺菌する、壁に発生したカビを殺菌剤により除去する など

図 7-1 食品製造現場から検出されたカビ

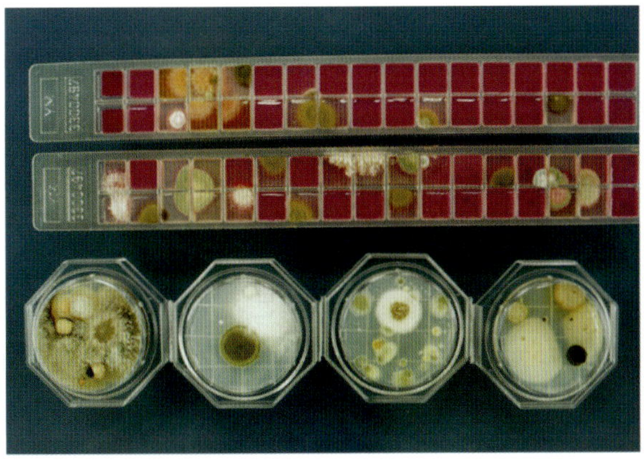

上段：浮遊カビ
下段：付着カビ
(25℃・7日間培養)

図 7-2 工場に存在するカビの汚染経路

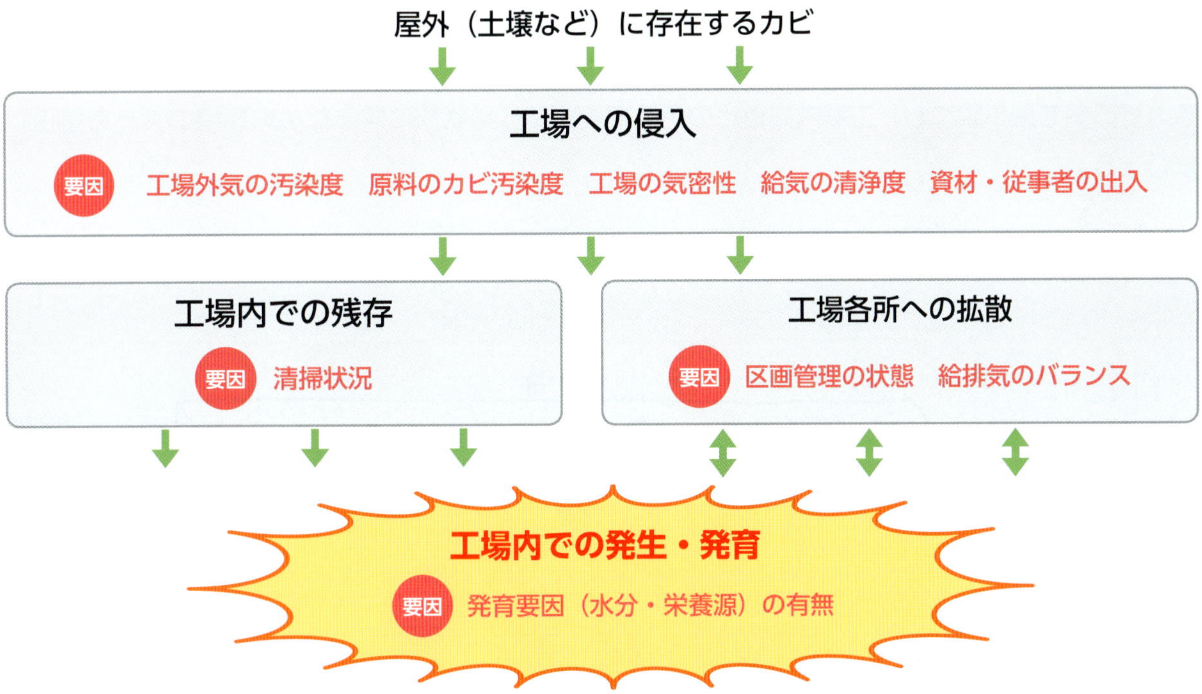

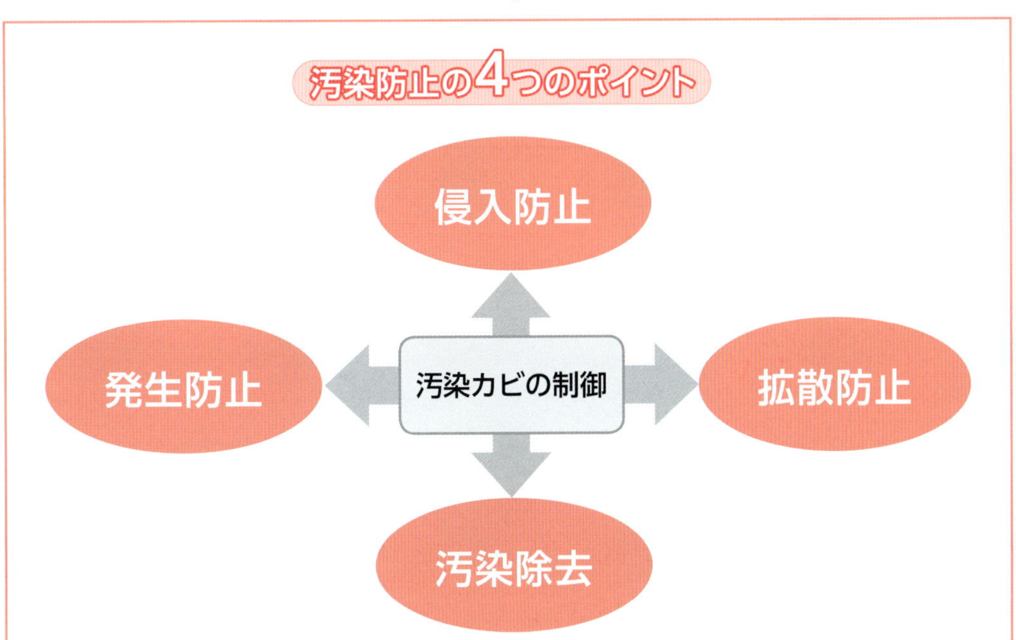

汚染防止の4つのポイント

ポイント解説 ❶：カビの「侵入を防止する」

カビが工場内に入ってくるルートは無数に存在し、常に侵入してくる危険性があります。屋外の土埃や外気には多くのカビが存在しており、工場の窓やドア、搬出入口などを開けたままにしておくと外気とともにカビが工場内に入ってきます。工場の開口部だけでなく、工場が陰圧状態になっていると壁や窓枠・シャッターなどの隙間から外気とともにカビが常に流入しやすい状態になり、工場内のカビの汚染度も高くなります。

また、外気からだけでなく、工場内に持ち込まれる資材の外装や製造従事者の体や靴に付着して持ち込まれるケースも少なくありません。さらに、野菜や穀類などの原材料に付着しているカビにも注意が必要です。特に土がついた野菜や果物、穀類などの原料は、カビの汚染度が高いこともありますので、原料に含まれるカビの汚染度について確認をしておくことも重要です。

工場の気密性の確保や工場内に取り込む空気を清浄化するなど、工場外部のカビを侵入させない対策が必要ですが、カビの侵入を完全に防ぐことは不可能です。工場内に侵入あるいは持ち込まれるカビの量を最小限にし、工場内のカビの汚染度を常に低い状態にするための環境づくりを目指しましょう。

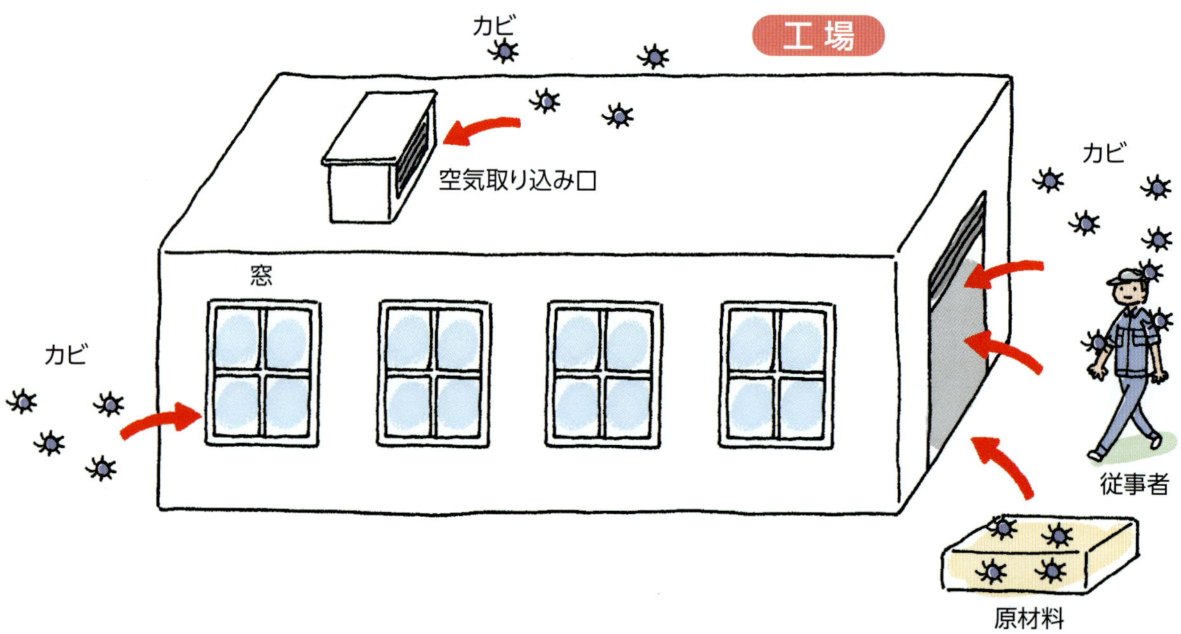

カビの「侵入を防止する」ためのチェックポイント

●工場周辺環境の状態を適切に管理

☑外壁や屋外設備にカビが発生していない
☑工場周辺に土埃が飛散しやすい場所がない（畑、グラウンド、植栽など）

●建物の気密性の確保

☑工場開口部以外の壁や窓などの隙間が少なく、外気の流入している状態がない
※工場の排気が強くなると空気バランスが崩れ、陰圧状態になるため

●工場内の給気の清浄化

☑工場内の清浄度に合わせたフィルター（中性能フィルター*など）により給気を清浄化している

●資材、従事者による持ち込みの防止

☑持ち込む資材に付着したカビを持ち込まないため、外装を取り外している
☑工場内で着用するユニフォーム、シューズで屋外に出ていない

●原料のカビ汚染度の確認

☑工場内で取り扱う原料にカビが多く付着しているものがないかを検査で確認している
※新しく取り扱う原料、粉体原料は注意が必要

＊中性能フィルター：粒径が5μmより小さい粒子の捕集効率が60～95％程度のエアフィルター。

汚染防止の4つのポイント

ポイント解説 ❷：カビの「発生を防止する」

工場内に侵入したカビは存在しているだけでは、大きな問題は引き起こしませんが、発育すると大量の胞子を飛散させ、製品にカビ汚染が発生しやすい危険な状態となります。食品工場という環境は、食品自体がカビの栄養源となるだけでなく、水や蒸気などにより高湿環境となりやすいため、カビの発生しやすい環境といえます。

工場で水を多く使う場所や蒸気が出る場所では、高湿環境を好むカビが発育しやすい環境となります。また、食品の残渣が溜まりやすい場所もカビが発生しやすい場所といえます。残渣から発生しているカビは、製品でも発生して問題を起こしやすいカビであることも多いため、クレームが発生しやすい危険な状態となることがあるので注意が必要です。工場内でカビが発生しやすく、汚染源になりやすい場所としては、下記のような条件が整う場所に集中しています。工場内にカビの発生箇所がないかを日常的に点検するとともに、栄養源となる食品残渣の除去のための清掃や洗浄、結露の発生や蒸気の拡散など、工場内の湿度をコントロールし、カビが発生しにくい環境づくりを目指しましょう。

カビが発生しやすい場所

①湿気・水分が多いところ
［好湿性のカビが繁殖しやすい］
- 水を使用する箇所
- 蒸気が放出される箇所
- 冷却用配管など結露が出やすい箇所
- 漏水・雨漏りが発生している箇所

②空気の流れが集中するところ
- 空調機（空調機吹き出し口、フィルター、ダクトなど）
- スポットクーラー
- 集塵機

③物の動きが少ない・空気がよどむところ
［耐乾性・好乾性カビが繁殖しやすい］
- 不要物や使用頻度の低い機械・器具の周囲
- 清掃が行き届かない・汚れが蓄積している箇所
- 原料や包材倉庫周辺

④人の目が届きにくいところ
- 設備の影や裏側
- 天井裏・壁の内部

図 7-3 湿気・水分が多いところ

①冷却用配管に発生したカビ

②天井の漏水箇所に発生したカビ

図 7-4 人の目に届きにくいところ

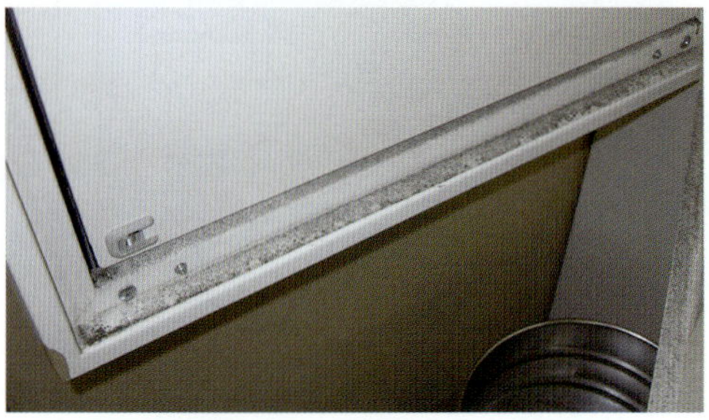

配電盤内に発生したカビ

カビの「発生を防止する」ためのチェックポイント

●工場各所の結露発生を防止（温度差と蒸気のコントロール）

☑製造時に発生する蒸気を施設外に排出できている
※熱、蒸気発生源付近には局部排気設備を設け、蒸気の拡散を防止する
※局部的な気流の滞留がないように給気、排気を考慮する

☑温度差が生じる場所の結露対策がとられている
※外気が接する天井や壁面、冷却設備など温度差が生じる部分には、断熱材を使用し、表面の温度低下を防いでいる

●工場のドライ化

☑床の洗浄後の水切りなどで場内を乾燥させる
※必要に応じて除湿機を使用している

●施設、設備のサニタリーデザインと適切な洗浄（清掃）

☑施設や設備、製造ラインの周囲に残渣が溜まりやすい箇所がない

●カビが発生しやすい空調設備の清潔管理（空調清掃）

☑空調機吹き出しや内部、フィルター部分にカビの発生がない

●防カビ処理

☑カビが発生しやすい箇所に対して防カビ剤・塗装などの防カビ処理を行っている
※カビの発生防止や汚染除去に使用する「殺菌剤」や「防カビ剤」が、問題となっているカビに対して有効であるか使用前に確認しておくことは、適切な処理効果を得るための必須事項となる（図 7-5、7-6）。

図 7-5 おもな有機系防カビ剤一覧

- アルデヒド系
- フェノール系
- ピリジン系
- ニトリル系
- ハロゲン系
- イミダゾール、チアゾール系
- ジスルフィド系
- 有機金属系
- 複合系（無機＋有機）

参考文献：有害微生物管理技術（第１巻），㈱フジ・テクノシステム

図 7-6 防カビ剤の発育阻止効果確認

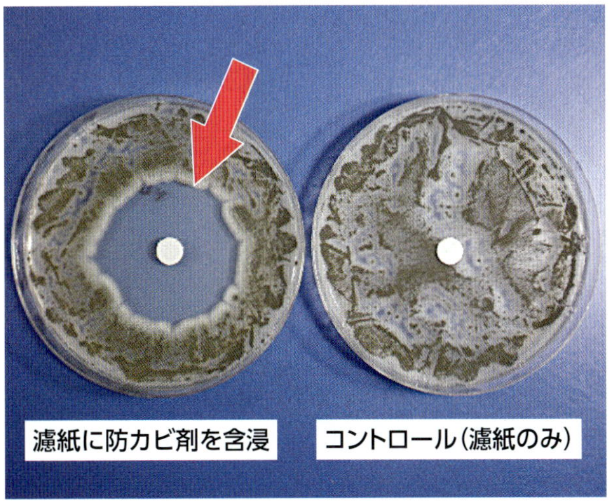

汚染防止の4つのポイント

ポイント解説 ❸：カビの「拡散を防止する」

工場内に侵入あるいは発生したカビは、空気の流れ、従事者や資材の動きに伴って工場各所に拡散し、汚染が広がっていきます。

特にカビの場合は、空気の流れに乗ってカビ胞子が広範囲に飛散する事例が多く、離れた場所から食品を汚染することもあるため、工場を点検する際は空気の流れを考慮し、広範囲に目視確認が必要となります。また、粉体原料の取扱い時に飛散した粉とともに原料に含まれるカビが工場内に拡散してしまうこともあり、製造中に従事者の各製造エリアへの往来が頻繁になると、ユニフォームや靴底についた粉とともにさらに広範囲にカビが拡がっていくケースもよくみられます。

カビは細菌と異なり、胞子が飛散しやすいため、汚染源となっている場所がわかりにくくなることもあり、カビの汚染源の特定を難しくしている一因にもなっています。空気の流れや従事者動線の管理、原料の適切な取扱いなど、カビが工場各所に拡散しにくい環境づくりを目指しましょう。

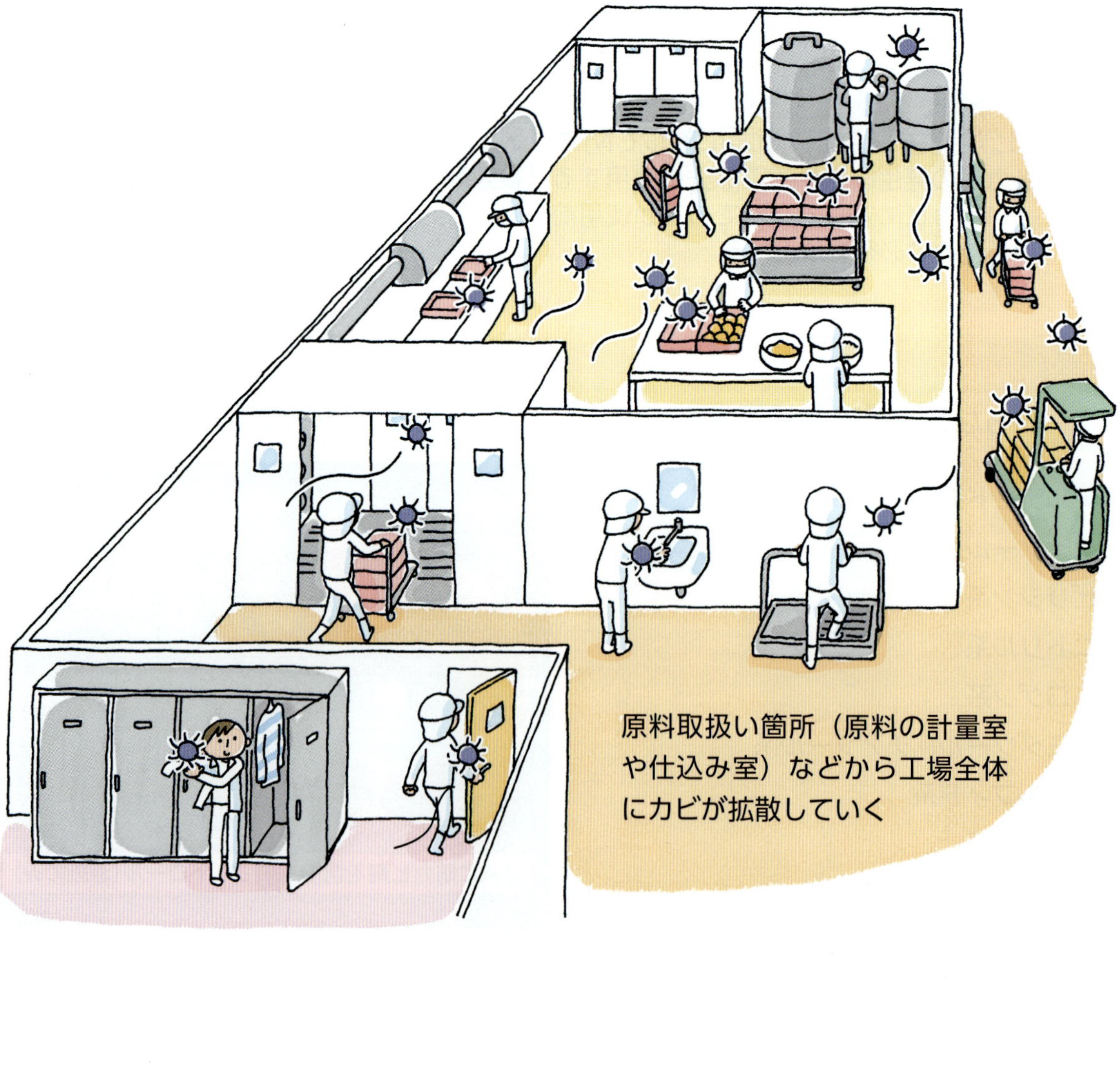

原料取扱い箇所（原料の計量室や仕込み室）などから工場全体にカビが拡散していく

カビの「拡散を防止する」ためのチェックポイント

●給排気のバランス適正化

☑工場内の汚染区域から清潔区域に空気が流れていない

風の流れを確認する（差圧測定結果の一例）

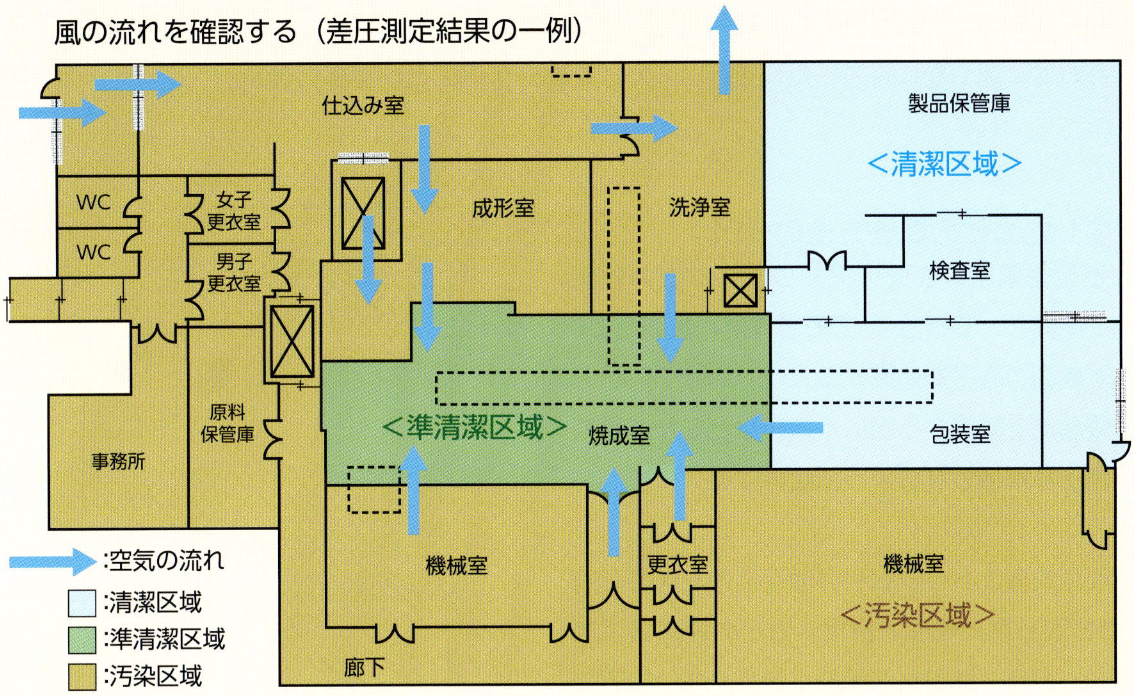

●原料の適切な取扱い

☑粉体原材料の取扱い場所で、粉体が飛散しないよう粉を取り扱う場所をブースで囲んだり集じん機を設置するなどの配慮をしている

●資材や従事者の動線管理

☑工場内の汚染区域から清潔区域へ従事者や資材の移動がない

粉を投入しているそばに
集じん機が設置されている

汚染防止の4つのポイント

ポイント解説 ❹：汚染・発生したカビを「除去する」

工場内に侵入してきたカビが、発育して大きな問題となる前に、清掃や洗浄、室内空気の清浄化により常に除去し、工場内に残存するカビ数を少なくしておくことが重要となります。また、工場内にカビが発生してしまっている箇所を見つけた際、製品にカビ汚染を引き起こす可能性がある箇所であれば、速やかに殺カビ処理を行い、カビを除去することが望まれます。

発生したカビの除去方法の一例

①カビ発生箇所の表面にアルコールなどの殺菌剤を噴霧し、しばらく（10分程度）放置して、カビ表面の胞子を処理する。
※殺菌剤を噴霧する際は不織布などをかぶせて胞子が飛散しないように注意する

②次亜塩素酸ナトリウムや界面活性剤を含む薬剤（カビ取り剤）を吹き付け、カビの殺菌および漂白を行う。壁面など薬剤が流れやすい箇所では、薬剤の定着時間を長くするため、泡状にして処理する。

③十分薬剤を作用させた後、水で十分にすすぎを行う。

④カビの発生がひどい箇所については、薬剤処理と水洗を繰り返し行うか、ブラシなどで物理的に除去する。

工場内を汚染・発生したカビを「除去する」ためのチェックポイント

●場内の清掃、洗浄によるカビの除去

☑残渣や埃がたまった箇所や清掃しにくい箇所を定期的に清掃している

●製造場内空気の清浄化

☑必要に応じて HEPA フィルター*を設置して空中のカビを除去している（クリーンルーム、クリーンブース）

☑紫外線、オゾンガスなどにより空中のカビを殺菌している

●カビ発生箇所の殺カビ処理

☑カビが発生した箇所は速やかに除去している

＊ HEPA フィルター：0.3 μm の微粒子を捕集できる（捕集率 99.97%以上）高性能フィルター。

図 7-5 大気塵埃のサイズと対象フィルター

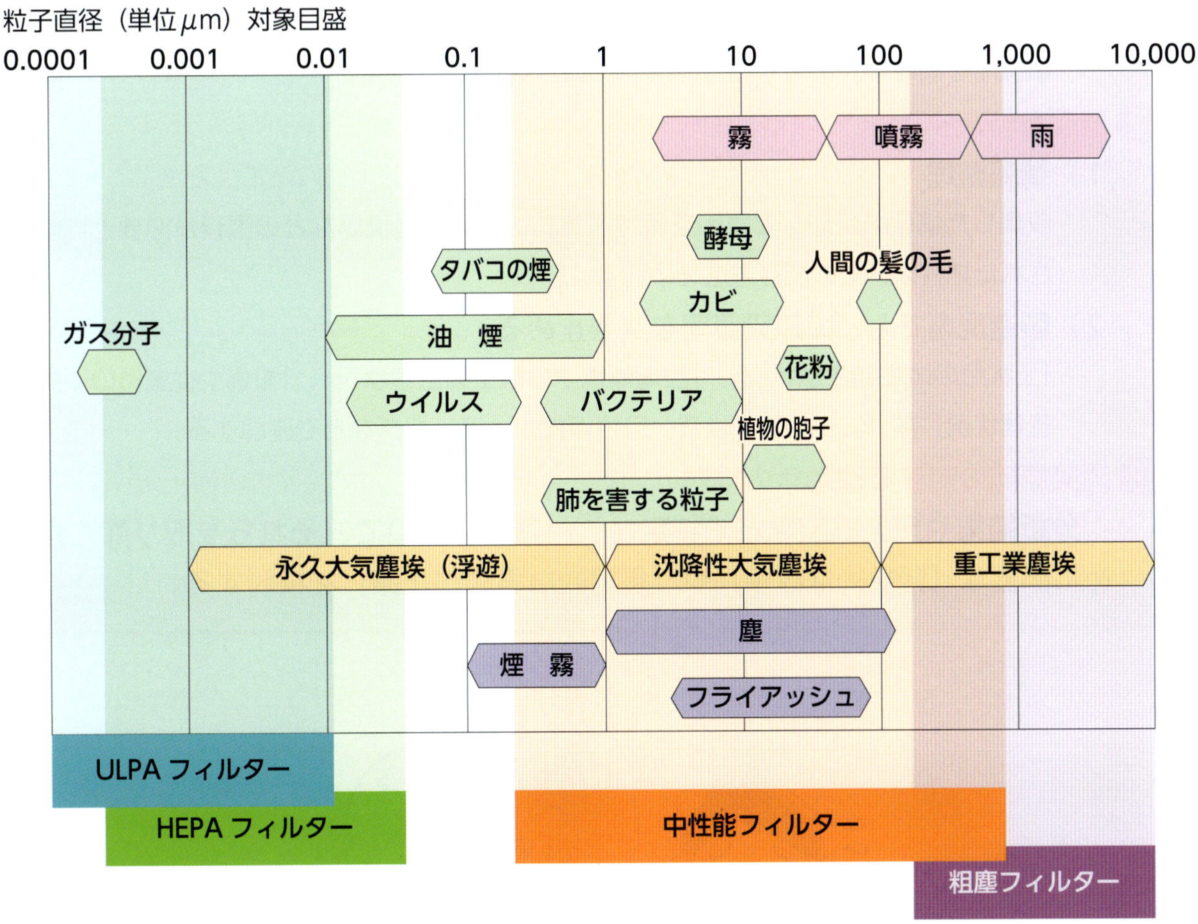

参考文献：日本特殊工業株式会社　http://www.ntkk.co.jp/airshelter.html

4 カビによる問題発生時のカビ対策の進め方

カビクレームなどの問題はさまざまな食品で発生しており、その原因や対策事例も単純なものから複雑なものまで多岐にわたっています。特に、カビによる重大な事故が発生した場合は、二度と問題が発生しないよう対策をとることが求められます。しかし、カビは発生すると目に見えるので、製造現場に発生しているカビにとらわれ、製品で発生しているカビとの関係性を考えずに対策を優先してしまうことが多く、問題が収まらないケースも少なくありません。カビによるクレームなどの問題が発生した場合、その原因は対策を講じるにも「どこの場所」を「どのような方法」で行うかは、発育したカビの特性や製造環境・工程の状況などにより大きく異なってきます。そのため、重篤性の高い問題が発生した際は、適切に原因を究明しておくことが極めて重要で、その原因を取り除くための緊急的な改善や再発防止策を検討していきます。

カビによる問題発生時の原因究明手順

❶ 原因を予測する

1）情報収集

「問題の発生状況」や「製品の特性および製造に関する情報」を収集する。

2）クレーム品の分析

事故品を回収し、原因カビの分離や種類の特定をする。

❷ 原因を特定する

1）情報整理

収集した情報を整理して原因を特定する。さらに製造現場などの調査が必要と判断された場合は、その調査方法を検討する。

2）製造現場でカビの汚染原因を突き止める

「工程毎の微生物生息状況」、「製造環境中の微生物生息状況」、「設備や従業員の衛生管理状況」などについて、検査・目視点検・ヒアリングなどで確認する。

❸ 汚染原因に対する改善策の検討

分析結果や現場調査などで特定された原因について、それらを取り除くために必要な「緊急的な改善」や「長期的な再発防止策」を検討する。

手順解説 ❶ 原因を予測する

1）問題発生状況に関する情報収集

カビクレームなどの問題が発生した際、まず問題の発生状況に関する情報を詳しく確認しておくことが重要で、正確な情報収集は原因究明への近道の「鍵」となります。たとえば、食品で発生するカビクレームのパターンは様々で、「どのような製品から」、「どれぐらいの数」、「どんな状況」で発生しているか、発生状況に関する情報を詳しく分析すると問題の状況が見えてくることがあります。実は意外に重要なヒントが隠されていることが多く、場合によっては情報収集するだけで原因がある程度わかってしまうこともあります。

カビクレームが発生する頻度だけみても、ロットで大量発生、年に数回ぐらい散発的に発生、単発で発生など、実にさまざまです。複数クレームが発生するケースであれば、製造現場や商品自体に問題が存在することが多く、重大な事故につながる危険性も高くなります。一方で、単発のクレームは、製品の取扱いなど一時的なエラーが発生していることも考えられますし、購入された消費者の保管状態など、取扱いに問題があった可能性もあります。また、特定の曜日や時間帯、特定の商品のみにクレーム発生している場合は、その時の製造の状況に何か通常と異なることはないか、その製品は他の製品と何が違うのかを掘り下げて考えると、発生原因が推測できることもあります。このように、多くの情報を収集することで、問題の重大性、再発防止策の必要性が判断でき、カビ問題の発生原因を推測することもできます。

発生状況について収集すべき情報の一例

問題の発生状況に関する情報

＊消費者（苦情申し出者）に確認しておくべき事項［消費者側にカビ発生の原因がないか？］
- 発見時の状況（発見時のタイミング、開封の有無など）
- 購入後の保管状態（保管期間、保存方法や温度など）

＊自社内で明確にしておくべき事項
- 発生の頻度（単発あるいは複数など、同一製品での発生件数）
- 発生の傾向はないか（特定の製品に発生、製造時間や流通などに傾向はないか）
- 過去に同様の問題が発生したか（原因が同一であることが多い）
- 参考書籍および文献による同様の事例の有無（原因が同一であることが多い）
- 製品の製造日から発生に至るまでの経過日数（カビの発育速度などの参考として）

製品の特性に関する情報

- 製品特性（水分活性・pH・包装形態・流通温度などの特性により発生するカビの種類に傾向がみられる。特に、水分活性により発生しやすいカビの種類に特徴が出やすい）
- 製品の原料、副原料（原料の種類・産地情報からカビによる汚染度を推定、原料に含まれるカビ数のデータを確認する）

製造に関する情報

・問題が発生した製品の製造工程（加熱の有無、加熱と包装の順序）

>> 非加熱製品の場合、原料由来のカビ、製造時の汚染カビが問題となる

>> 加熱製品の場合は、加熱後の汚染カビが問題となる

さらに加熱が包装前か、後かによってカビ汚染の問題の起こりやすさが大きく変化する

「加熱後包装」：加熱後から包装までの間に汚染

「包装後加熱」：包装後の汚染はない

（加熱不足や包材のピンホールの可能性を考える）

・問題が発生した時期での変更の有無

（施設設備・製造ライン・原料などの変更時に問題が発生しやすい）

2）クレーム品の分析

クレーム品を分析する際、カビが発生した製品からカビを分離培養して同定するだけでは情報の取りこぼしがあるかもしれません。カビを分離する前にその食品に発生したカビや包材の状態をよく観察しておくことが重要となります。

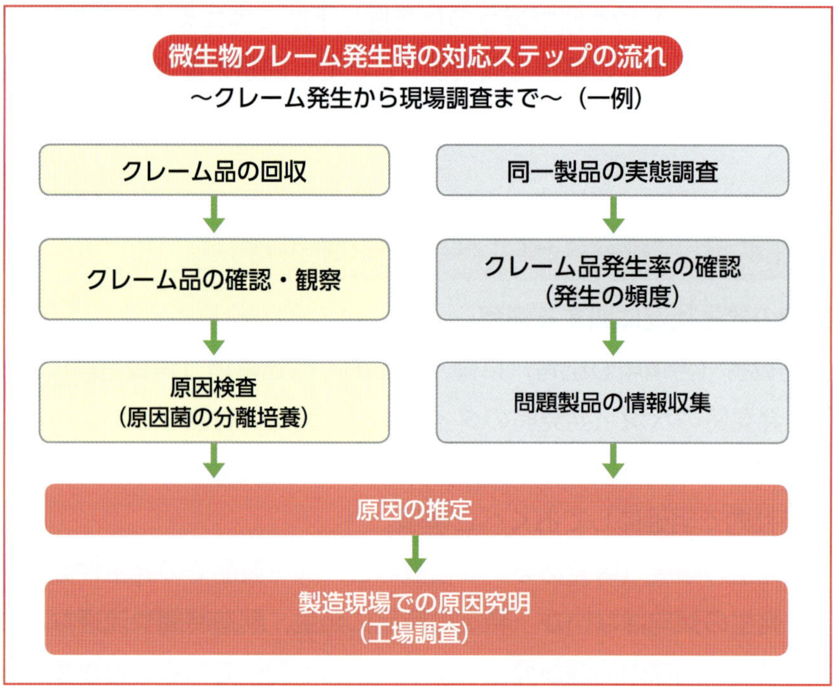

まず、カビが発生したクレーム品から、食品のどのあたりにカビが発生しているかを確認することで、カビの汚染源を推測できることがあります。カビは胞子を付着させ、付着した部分を中心に菌糸体を形成してコロニーができます。コロニーの発生した箇所が、胞子の汚染箇所と考え、どの製造工程で付着した可能性があるかを検討していきます。

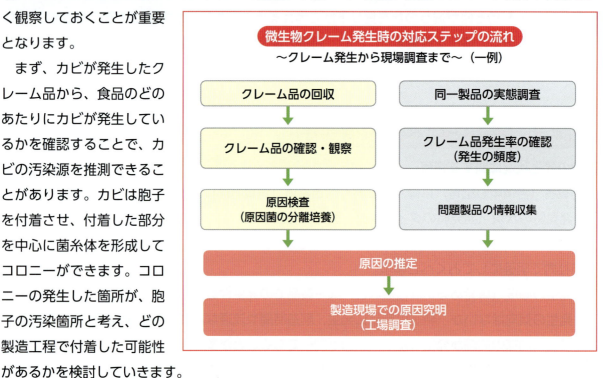

次に、カビを培地に分離培養し、培地上での発育の有無、発育したカビの種類の同定を行います。ここで重要なことは、カビの種類を調べるだけでなく、同定されたカビの生態についての情報を集め、製造現場と結び付けて汚染原因を考えておくことです。カビは属レベルで生態について共通の特徴がみられるため、このレベルの同定でも必要な情報は得られます。くわしい検査をすべて行うことに重きを置くのではなく、「必要な情報を得るための検査を行う」という観点がポイントといえます。これは、限られた時間のなかで結果を出さなければならないクレーム発生時の原因究明調査では必須の考え方となります。

カビ発生食品の検査時に収集すべき情報の一例

カビが発生したクレーム品の状態に関する情報

- 製品にカビが発生している状況を観察する
- 製品で発育している場合は、発育している箇所・種類を確認
- 「食品に発生した場所＝カビが汚染した場所」と考えて、カビの発生箇所から汚染原因を推測

  例）＊食品表面で発生→落下菌による汚染

  ＊製品裏面で発生→コンベアから汚染

  ＊カットした面で発生→スライサーから汚染
- 脱酸素剤などを使った製品の場合は、包材の状況を確認（ピンホール、シール不良の有無）

原因カビに関する情報

- カビの分離培養（対象食品の水分活性に合わせて培地を選択：PDA・M40Y など）
- 培地上での発育の有無（死滅している可能性を確認）、生育速度
- 属レベルを基本に同定し、同定結果からカビの特性を調べる

（生態、発育方法、空気系・水系汚染、発育温度、好乾性・好湿性、耐熱性の有無など）

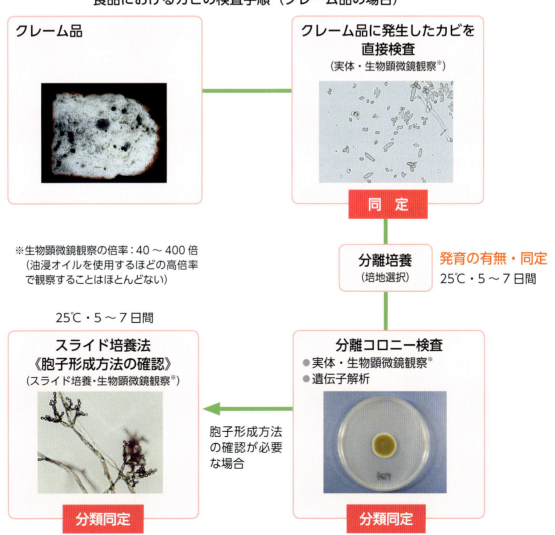

食品におけるカビの検査手順（クレーム品の場合）

クレーム品

クレーム品に発生したカビを直接検査
（実体・生物顕微鏡観察※）

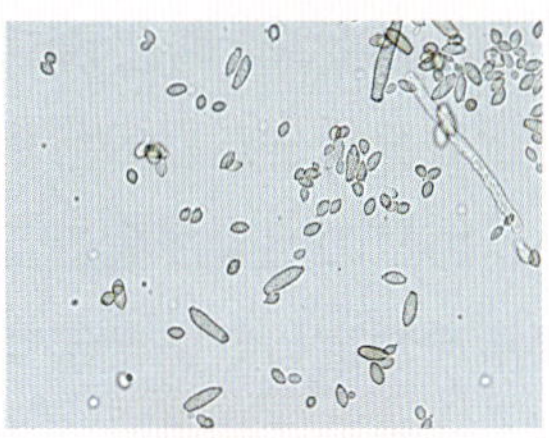

同　定

分離培養
（培地選択）

発育の有無・同定
25℃・5～7日間

分離コロニー検査
- 実体・生物顕微鏡観察※
- 遺伝子解析

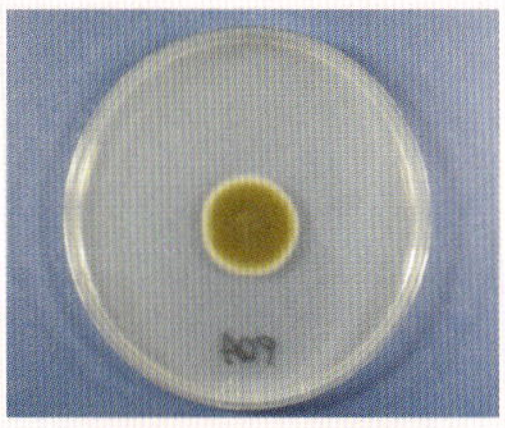

分類同定

胞子形成方法の確認が必要な場合

25℃・5～7日間

スライド培養法
《胞子形成方法の確認》
（スライド培養・生物顕微鏡観察※）

分類同定

※生物顕微鏡観察の倍率：40～400倍
（油浸オイルを使用するほどの高倍率で観察することはほとんどない）

カビの生態から考えられる製造現場での汚染原因の考え方

例）カビクレームの原因カビとして多い「クラドスポリウム」

・生活環境で一般的に見られる

・低温性、好湿性、多量の胞子産生

・空中に多い・高温で死滅しやすい

クラドスポリウムの特徴を製造現場と結びつけて考えてみる

- 食品製造現場の空気中など一般的な環境に存在しており、食品汚染の機会は多いカビ
- 胞子を大量に産生し、飛散させて落下菌として汚染する事例が多い
- 低温でも発育し、好湿性の特徴をもっているので、冷蔵庫内や冷却水の配管など結露が多い場所に発生しやすい
- 加熱に弱いため、加熱工程後から包装までの製品に汚染が発生している。特に長い時間曝露される放冷工程は危険

このように、カビは属レベル（クラドスポリウムなど）で共通の特徴がみられることが多いので、原因究明調査では種レベルでの同定が必要なケースはほとんどありません。原因究明や対策を進める上で必要な情報は、属レベルで同定しておけば生態に大きな差は少なく、必要な情報は得られることが多いといえます。

手順解説 ❷ 原因を特定する

1）情報の整理（原因推測と現場確認方法の検討）

問題の発生状況やクレーム品の分析で得られた問題カビの生態的な特徴など、さまざまな情報や検査の結果から、カビの汚染が製造工程のどこで発生しているかを推測し、製造現場で発生しうるすべての汚染箇所を想定していきます。原因を推測せずに現場に行って確認や調査をするのではなく、情報やカビの特性から原因を推測しておくことで、無駄な確認や検査を省くことができます。

たとえば、「加熱工程後から包装までの間に落下菌として汚染している可能性があるカビ」の場合、さらにその製造現場の該当する工程の様子を思い浮かべながら、「包装室のエアコンにカビが発生している」、「ラインの残渣からカビが発生している」など、現場で発生しうるすべての汚染箇所を想定しておきます。ここでの想像力や分析力が現場調査の準備や確認すべきポイントのもれを防ぐ鍵となります。さらに、推測された汚染箇所のカビの汚染状況を調べるために必要な調査方法を検討・計画し、その計画に基づき調査を実施していきます。

情報処理の手順

収集した情報を整理してどこが汚染原因か推測し、その調査方法を検討する。

- 消費者（苦情申し出者）からの情報
- 社内で確認した情報
- 製品特性に関する情報
- 製造に関する情報
- 事故品の分析結果

＋

問題カビの生態的特徴

↓

汚染原因
①原料由来の汚染カビ
②加熱後の二次汚染カビ

↓

製品や環境のカビ調査方法を検討する

調査方法

【カビ発生状況の目視調査・記録確認】

- 目視調査
  - ・カビが発生しやすい、汚染の危険性が高い箇所
- 記録確認
  - ・製造記録（加熱条件、冷蔵庫温度など）、清掃記録の確認

【製品汚染カビの消長確認】
- 原料検査（食品検査）
- 製品工程ごとの抜き取り検査
  （食品検査 ※場合によっては保存製品からの発生を確認）

【環境汚染カビの確認】

- 空中浮遊菌検査（エアーサンプラー）
- 落下菌検査（コッホ法）
- 付着菌検査（拭き取り検査）
- 吹き出し空気・外気流入空気検査（培地吹付け検査）

空気中に浮遊するカビは、エアーサンプラーを用いた浮遊菌検査や平板培地を用いた落下菌検査（コッホ法）など、施設や製造ラインなどに発育あるいは付着しているカビは、拭き取り綿棒を用いた拭き取り検査などにより確認を行います。また、空調の吹出しや隙間から流入する汚染空気の検査は、平板培地に空気を吹き付けて簡単に検査することも可能です（図7-7）。

カビ検査で使用する培地の種類は、好湿性カビを含む一般的なカビは「ポテトデキストロース寒天培地(PDA)」を、水分活性が低い食品でも発生可能な好乾性のカビでは、「M40Y寒天培地」「DG18寒天培地」などの培地を用いる必要があります。特に水分活性の低い食品を製造する現場では好乾性カビ用培地の使用は必須の条件となります。

図7-7 空調吹き出し空気の検査

カビの主な汚染源、汚染経路

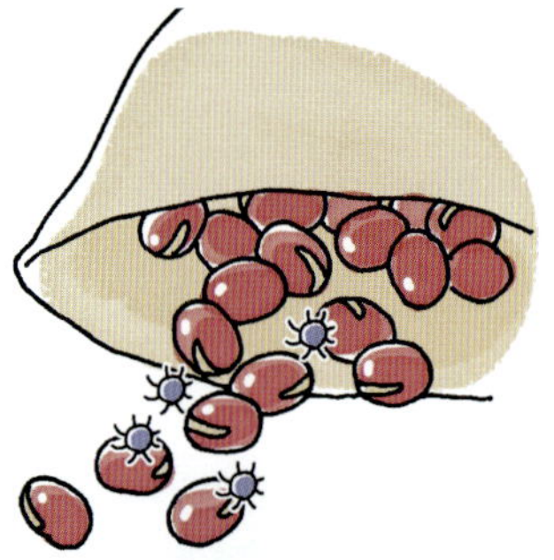

①製造に使用される原料や副原料からの汚染

②食品製造施設・機械器具からの汚染

③従事者からの汚染

④使用水からの汚染

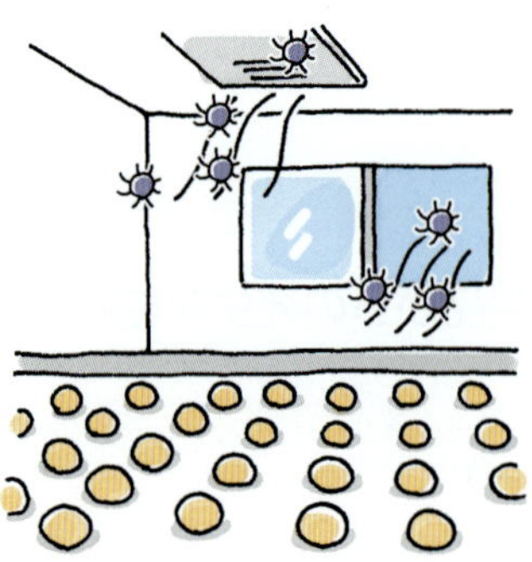

⑤外気や汚染流入空気による汚染

⑥包材や資材からの汚染

※汚染経路は多岐にわたるが、事例としては、外気や壁の隙間からの流入空気による汚染、製造施設や製造ラインに発生したカビが汚染しているケースが多い。

2）製造現場でカビの汚染原因を突き止める

推測された汚染箇所のカビの汚染状況を調べるために、「工程毎の微生物生息状況」、「製造環境中の微生物生息状況」、「設備や従業員の衛生管理状況」などについて、検査・目視点検・記録確認、状況のヒアリングなどで確認をしていきます。カビ汚染の危険性が高いと推測される箇所や、目視点検で製造現場にカビ発生が確認された箇所を中心に、微生物検査により問題カビの検出状況を確認していきます。推測された原因箇所だけでなく、実際には現場に行かなければわからないこともたくさんありますので、現場では思い込みを避けてチェックしていくことがポイントとなります。たとえば、工場内が陰圧になっていたりすると、天井裏に発育していたカビの胞子が飛散し、遠くから空気の流れに乗って製造室内へ流入して汚染を引き起こしていたという事例もあり、現場ではさらに広い視野での点検が求められます。製造工程において原因と考えられる箇所、製造環境の目視点検でカビの汚染箇所と想定される箇所について、カビ検査を行います（図 7-8）。検査結果が出た後、問題カビがどの程度検出されているかを確認し、目視点検の結果と併せて汚染源を特定していきます。

ここで重要なことは、現場調査で検出されたカビについてもカビの数だけを調べるのではなく、問題となるカビが、どれぐらいの汚染度で検出されているかを確認して評価していきます。カビは

図 7-8 製造現場でのカビ検査ポイント

空中浮遊菌検査、落下菌検査、吹き出し空気、外気流入空気検査（吹き付け検査）の検査場所

①原料から最終製品に至るまでの工程ライン上において、包装前の製品にカビが付着する可能性がある場所。

1. 放冷場所
2. 作業台の上（放冷工程・製品の動線上など）
3. 原料庫内

② カビの汚染源となりやすい空調機や外気の流入箇所（空気の流れから汚染源を考える）

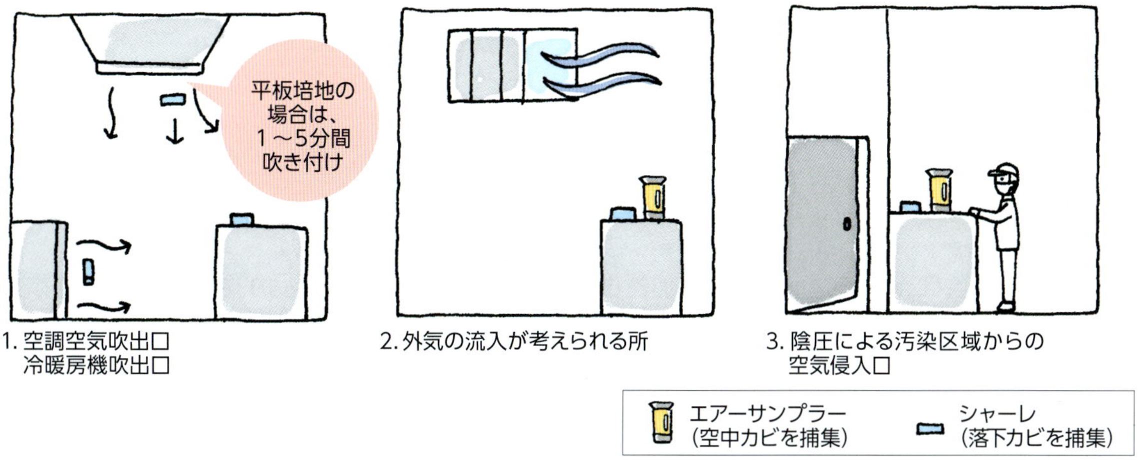

1. 空調空気吹出口 冷暖房機吹出口
2. 外気の流入が考えられる所
3. 陰圧による汚染区域からの空気侵入口

コロニーの色や形状に特徴が出やすいため、コロニーの特徴から分類できる場合もあります。たとえば、クラドスポリウムはコロニーの色調がオリーブ色で、培地の裏から見ると「黒色」という特徴を確認すれば、コロニーカウントと同時にクラドスポリウムの数を計測することができます。さらに、クレーム品から検出されたカビコロニーの特徴も色や模様などを併せて確認しておけば、現場から検出されたコロニーと見比べることで判断でき、原因究明がしやすくなります。

カビ汚染原因確認の流れ

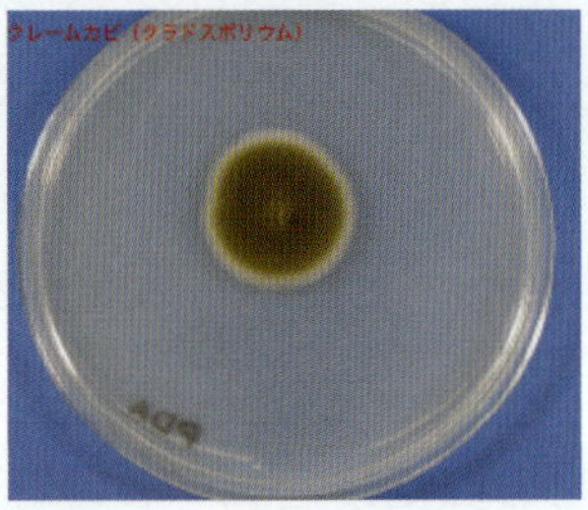

製品のクレームカビ（クラドスポリウム）

現場から検出されたクラドスポリウム

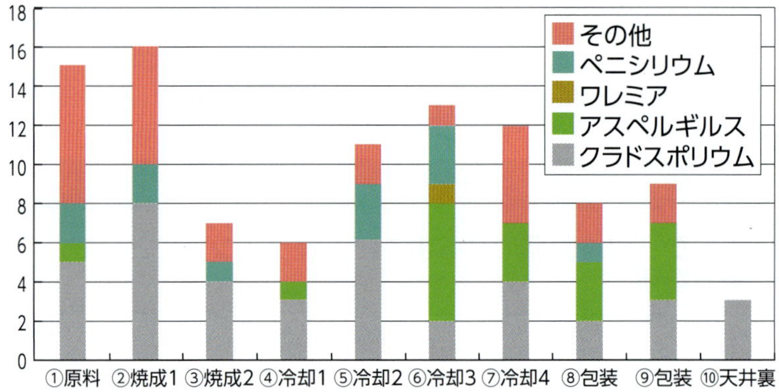

各ポイントのカビの種類を解析

目視点検・記録・ヒヤリング結果とあわせて、どこが汚染源かを特定する

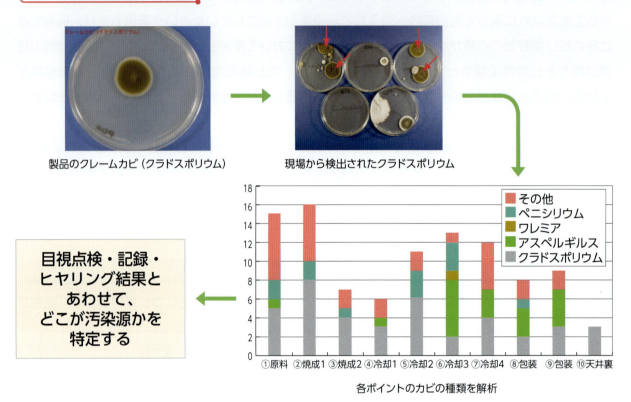

付着微生物（拭き取り検査）の手順

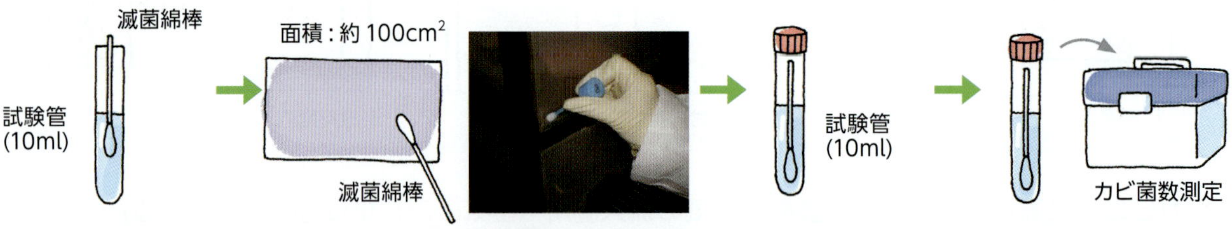

①滅菌した綿棒を希釈液（10ml）の入った試験管の中に入れ、試験管壁で水を切り、綿棒を湿らせる。

②調査する箇所の表面上を綿棒を使って拭き取る。
※原因究明で汚染の有無を調べるためには、可能な限り広く拭き取ることが重要

③拭き取った綿棒を先ほどの試験管に入れる。

④拭き取り後クーラーボックスに拭き取った綿棒を入れて検査室へ運搬し、菌数測定を行う。

付着菌の検査場所

①製品が直接触れるライン、器具類（加熱食品の場合は、加熱後の製品が触れる箇所は必須）
②製品に間接的に汚染を引き起こす箇所（従事者の手指、机の上など間接的に製品汚染を引き起こす箇所）
③カビが発生している箇所（発生しているカビが問題となっているカビかを確認）

手順解説 ❸ 汚染原因に対する改善策の検討

検査結果や現場調査などで特定された汚染原因について、それらを取り除くために必要な「緊急的な改善」や「長期的な再発防止策」を検討していきます。製造現場で確認されたカビ汚染箇所に対しては、まず問題の原因となっている箇所を取り除くために殺カビ処理など現場の状況を修正しますが、カビが発生した原因も深く掘り下げて確認し、再発させないための是正処置を併せて検討していきます。発生したカビを取り除けば、その後、問題は収まるため、現場の修正で終わってしまいがちですが、その効果は一時的な場合が多く、同様の問題が再発することがよくあります。ここで重要なことは問題の真の原因を探る習慣をつけておくことです。カビ対策においてカビを取り除くことは当然必要ですが、そこからさらに「なぜカビが発生したか」、「なぜカビが汚染しているか」という真の原因追究が再発防止のためには重要で、原因を取り除くための適切な対策を講じることができます。

たとえば、焼き菓子のカビクレームの汚染原因を例に考えると、焼成後の冷却室のエアコンに発生したカビが汚染しているような単純な事例もあります。一方で、さまざまな要因が複雑にからんでいるケースもあります。焼成後の冷却工程でカビが汚染していましたが、汚染のもととなっていたのは、同じ工場で製造している他の商品で使用していた原料が、問題となっていたカビに汚染されていたためで、工場内へ原因カビが常に持ち込まれていました。さらに、その原料を使った下処理工程の清掃不良箇所に溜まった残渣にカビが発育して汚染を拡大し、そこから焼成・冷却工程へ空気が流れ込み、下処理工程の従事者が焼成・冷却工程へ行き来することもあるなど、カビ汚染が拡散していました。このようにカビが冷却工程で汚染している原因を深く掘り下げることで、複数の要因が絡んで発生していることがわかってきます。これにより、それぞれの要因に対して、使用原料の変更、下処理室の残渣の除去、工場の空気バランスの調整、従事者の動線を含めた区画管理など、さまざまな再発防止策がみえてくるものです。

汚染源に対する改善策

現場の状況修正

現場の不具合を直し
工程・環境を元に戻す

→

是正措置

再発しないように
問題の根本にある
真の原因を取り除く

問題現象の解決！
発生したカビを除去

再発防止！
カビの発生原因への対策

真の原因の追究が再発防止に必要

8 食品汚染カビの実例

食品におけるカビ汚染事故

POINT

1. カビが発生しやすい食品には傾向があり、食品ごとに問題となりやすいカビの種類にも特徴がある
2. 食品で発生するカビは、食品成分などの特性があった種類のみが発生するため、カビ発生のリスクの高さは、カビの「汚染量」よりも汚染したカビの「種類」が重要となる
3. 食品の製造環境・工程の状況により、さまざまな原因で発生するカビ汚染事例を知っておき、自社工場に合わせた汚染対策を構築していくことが重要となる

1 食品別の事例

食品はカビにとって発育に適した基質となるため、しばしば食品に発生して問題を引き起こします（表8-1）。カビは細菌とは異なり、発育すると肉眼で確認できることから、製品として流通した後に消費者から「カビの発生」として申し出がある場合がほとんどです。その申し出の事例としては、食品表面にカビが発生して問題となるケースが大半を占めますが、飲料など液状の食品ではカビが膜や綿状の塊として浮遊しているような事例も多くみられます。その他にも、カビ自体の色調や産生される色素により、食品が変色する事例や、異臭（カビ臭）や膨張をともなう事例など、さまざまな現象を引き起こします。また、カビは菌糸体として一度発育すると、形状が崩れにくくなるため、製造環境やラインなどで発生したカビの塊が「異物」として食品に混入する事例が多いこともカビクレームの特徴といえます（図8-1）。

カビの発生事例が多い食品には傾向がみられます。水分が比較的少ない食品（水分活性が低いもの）や比較的保存性が高い食品（消費までの期間が長いもの）、農産物を原料とする食品などはカビが発生しやすく、主な種類としてはパンや菓子をはじめとする加工品、乾燥食品、高糖分・塩分食品、酸性食品、乳製品などがあげられます（図8-2）。

また、発生しやすいカビの種類も食品ごとに傾向がみられます。特に食品に含まれる水分は重要な条件で、食品に含まれる水分（水分活性）によって、発育するカビに特徴が出てきます（図8-3）。この特徴を知っておくことは、自社の製品で発生しやすいカビを把握するためにも極めて重要なことといえます。これは、食品において発生するカビは、食品の成分などの特性が、自分の発育条件に合った種類のみが発育するためで、食品を汚染したカビが、すべて発生するわけではないと言い換えることもできます。したがって、食品におけるカビ発生のリスクの高さは、カビの「汚染量」よりもむしろ汚染したカビの「種類」が重要となります。たとえば、水分を多く含む食品では、ワレミアなどの好乾性カビは汚染していても食品で発生してクレームになることはありません。また、消費期限の短い製品（弁当、おにぎりやサラダ）では、リゾプスやムコールなど発育が早いカビが発生して問題となる事例がありますが、ペニシリウムやクラドスポリウムなど発生に時間を要する多くのカビは消費期限内に発育してクレームになることはありません。

表 8-1 食品から分離されたカビの一例

加工食品	分離されたカビの種類
① オレンジジュース	ペニシリウム属（膜状物）
② ケーキ	ユーロチウム属
③ 羊羹	ワレミア属
④ 魚肉加工品	ペニシリウム属
⑤ シロップ	アスペルギルス属（塊・浮遊）
⑥ 冷凍食品	フォーマ属
⑦ 豆腐	クラドスポリウム属（塊・混入）
⑧ ケーキ	クラドスポリウム属
⑨ 野菜サラダ	ムーコル属
⑩ パン	アスペルギルス属

図 8-1 カビが塊状になった異物

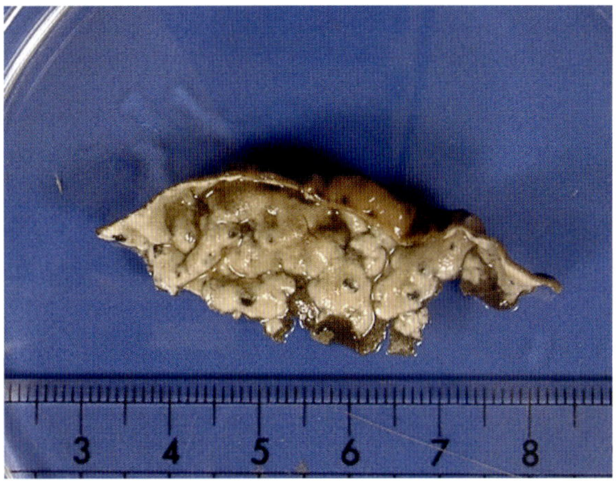

図 8-2 カビクレームが発生しやすい食品

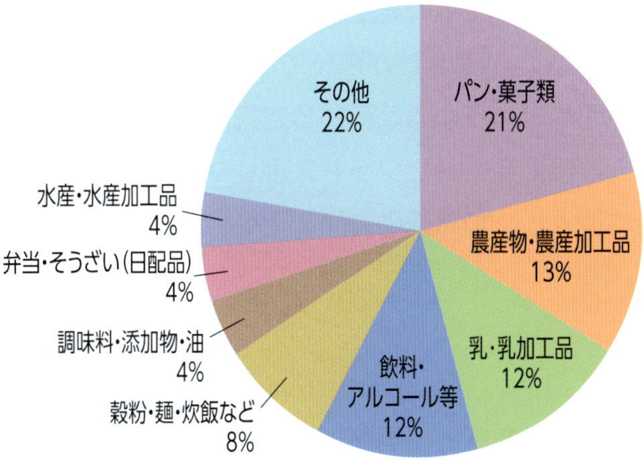

図 8-3 クレーム品から分離されたカビの種類

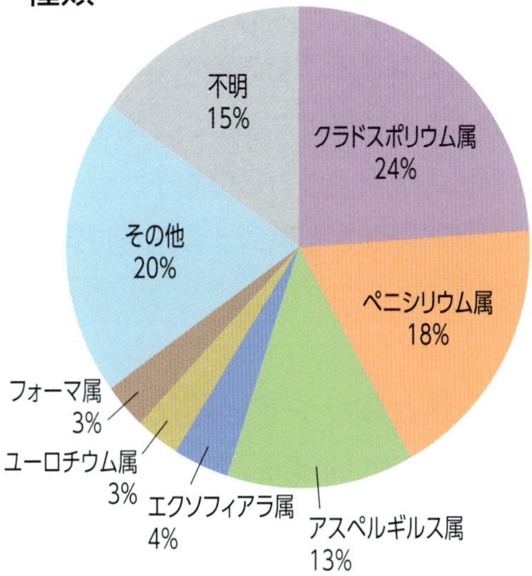

汚染したカビの種類の違いによるカビ発生

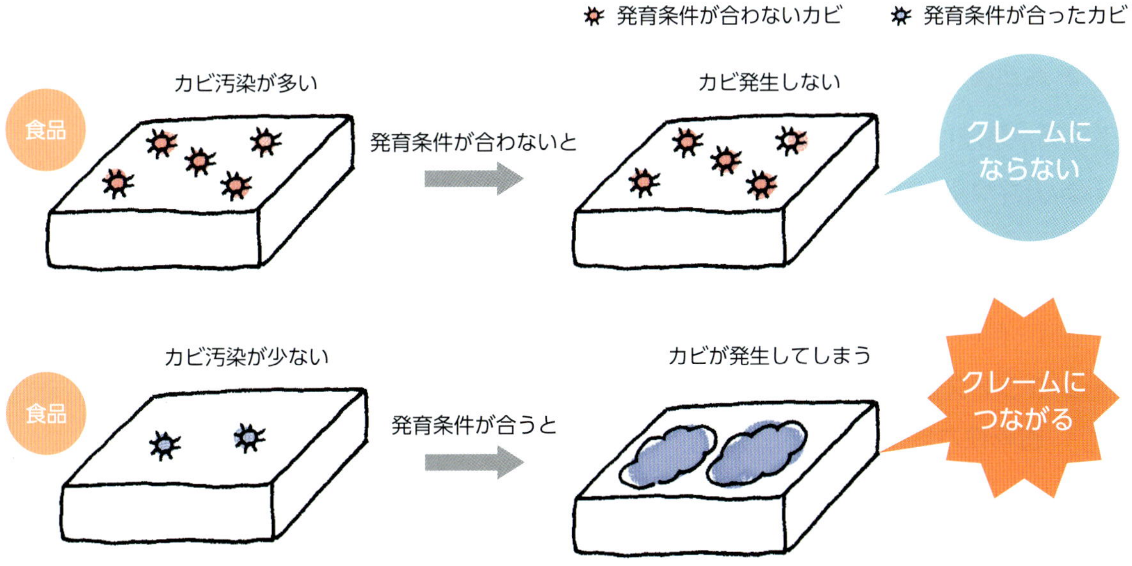

カビの汚染量よりも食品を汚染したカビの種類が重要

2 製造環境からのカビ汚染事故事例

事例1

製造環境に発生したカビが空気を介して汚染する事故

カビの胞子は遠くの発生箇所から空気の流れに乗って飛散し、製品を汚染することがあります

カビは細菌と異なり、増殖すると多くの胞子を形成し、空気を介して広範囲に飛散します。製造環境中にカビが発生すると、産生したカビの胞子が大量に飛散し、製品を汚染します。カビ汚染のなかでもっとも発生しやすい事例の1つです。食品工場はカビの胞子が飛散する原因となる風や空気の流れが発生しやすい環境です。たとえば、空調機（スポットクーラー、パッケージエアコン）、集塵機の排気、コンプレッサー空気、加熱後製品の冷却機（風を使って冷却するタイプ）などは注意が必要です。

また、カビの胞子が発生箇所から空気の流れに乗って、製品を汚染することもあり、汚染源が遠く離れているケースも少なくありません。食品工場では加熱工程で発生する熱を排出するための排気が強くなると、排気箇所を中心に空気の流れが発生し、工場全体が陰圧になることがあります。そのような状態になると、工場各所の天井や壁の隙間などあらゆる箇所から空気が流入し、空気とともに製造場内にカビの胞子が流入してきます。天井裏に発生したクラドスポリウムの胞子が、天井と壁の隙間から流入する空気に乗って製造場内に流入し、加熱後の製品を汚染した事例もあります（図8-4）。

問題となりやすい製品

焼き菓子（和菓子、洋菓子）、パン、魚肉練り製品、もちなど、加熱後に長時間放冷あるいは風を使って冷却している食品

発生しやすい製造現場の特徴

- 空気の流れが発生する場所にカビが発生している（加熱工程以降は要注意）
  - ･･･▶ 冷却機、空調機、集塵機など
- 工場が陰圧になっており、工場の天井や壁の隙間から空気が流入している
  - ･･･▶ 天井や壁の空気流入箇所など

原因カビ

- 空気・風の流れで伝播・汚染するカビ
  - ･･･▶ クラドスポリウム、アスペルギルス、ペニシリウム、ワレミア、アルタナリアなど 好乾性、耐乾性カビ

図 8-4 天井と壁の隙間から空気が流入している箇所・黒い汚れがスジ状に付着している

カビの汚染経路

天井裏（冷蔵庫の外壁部分など）にクラドスポリウムが発生

↓

加熱室の排気が強く、加熱室へ向かって強い風の流れが発生

↓

包装室の壁の隙間からも空気が流入

↓

天井裏のクラドスポリウムの胞子が包装室へ大量に流入 !!

↓

加熱後の製品を汚染 !!

カビは細菌と異なり、大量の胞子を浮遊させるため空気の流れが大きく影響する。汚染源が離れていることもよくある。

まとめ

カビの胞子は空気中に飛散しやすく、空気を介して汚染する事故はもっとも発生事例が多い原因となります。飛散しやすいカビが問題となっている場合は、工場内で発生する空気の流れを確認し、汚染源となりやすい箇所がないかを確認しておきましょう。

また、工場内が陰圧になると広い範囲のカビが汚染する危険性が高まりますので、排気が強い箇所には給気口をつけて、空気のバランスを調節しておくほか、空気流入箇所の隙間埋めを行い、天井や壁などの隙間から空気が流入しないように調整しておくことも重要です。

事例2

原料に含まれるカビが製品を汚染する事故

原料に含まれるカビが工場内を汚染し、製品を汚染することがあります

野菜や穀類などの原料には、カビが含まれていることがあります。原料に含まれるカビの多くは、最終製品として加工される過程で加熱により死滅するため、直接的に製品でカビが発生して問題を起こすことはほとんどありません。しかし、小麦粉などの粉体原料は、計量や混合などの下処理をする際に、周囲に飛散しやすく、原料に含まれるカビも一緒に飛散することがあります。原料に含まれるカビが工場内に飛散して拡散すると、工場全体のカビの汚染度が高くなり、加熱後製品の汚染原因となることもあるので注意が必要です（図8-5、8-6）。また、粉体原料が溜まった場所の清掃が不十分で、残渣が長期間放置されると、粉体に含まれるカビが発生して汚染をさらに拡大することもあります。

工場では複数の製品が製造されていることが多いですが、カビで問題となっている製品に使われている原料以外にも工場で使用している他の製品の原料に問題を起こすカビが含まれるケースもあります。工場内で取り扱っているすべての原料について、カビの汚染度を調べておくことが必要です。原料に含まれるカビは汚染源として見落としやすく、気付かないうちに工場内へカビが常に持ち込まれていることもあります。

図 8-5 粉体原料に含まれていたカビ

図 8-6 加熱工程まで原料の粉体が飛散。粉体に含まれるカビが落下菌として採取される。

問題となりやすい製品

焼き菓子（和菓子、洋菓子）、パンなど、粉体の原料を使用する食品

発生しやすい製造現場の特徴

- 粉体原料を計量、混合時に粉体原料が飛散している（原料に含まれるカビも飛散）
  - ・・・▶ 計量室、仕込み室の至る所に粉が溜まっている
  - ・・・▶ 原料が堆積した製造機器、ラインが長期間放置されている
- 原料取扱い箇所と加熱工程との区画管理が不十分
  - ・・・▶ 従事者の往来が多く、粉体原料が加熱工程以外にも広い範囲に飛散している

■ 原因カビ

アスペルギルス、ペニシリウム、ワレミアなど好乾性、耐乾性カビ

まとめ

原料にはカビが含まれていることが多いです。原料に含まれるカビの汚染状況を日常的に検査しておきましょう。粉体原料の取扱い時は飛散を防ぎ、他のエリアに拡散しないよう注意を払い、清掃不良箇所が長期間放置されないよう、こまめに清掃をしておくことが必要です。

残渣に発生したカビが製品を汚染する事故

事例3 工場内の残渣から発生するカビは、製品で発育しやすくクレームになりやすいカビです

工場内の清掃が不十分な状態になり、残渣が長期間そのままになっているとカビが発生しやすくなります（図8-7）。工場内のいたる所に製品の残渣が堆積しているような工場では、多くの場所でカビが発生し、カビによる製品汚染が発生しやすい危険な状況に陥ります。特に、残渣から発生したカビは、製品との相性がよく、製品から発生しやすいカビであることが多いため、注意が必要です。

また、工場内の湿度や気温が高くなり、カビが発生しやすい時期になると、工場内に溜まった残渣からカビが発生しやすくなります。残渣が日常的に溜まっている製造現場では、カビクレームが発生しやすい時期の前に、残渣が溜まりやすい箇所を清掃し、工場内のカビ汚染度が高くならないように管理しておくことが重要です。

図 8-7 ライン周辺（清掃しにくい箇所）に溜まった残渣から発生したカビ

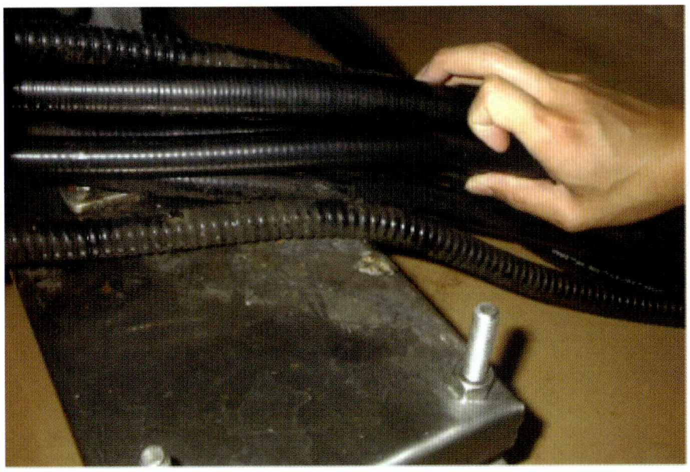

■ 問題となりやすい製品

カビが発生しやすいすべての製品

発生しやすい製造現場の特徴

- 製造設備やライン付近の清掃が不十分な場所が多い（加熱工程以降は要注意）
- 製造場内に清掃しにくい（サニタリーデザインが悪い）箇所が多い

原因カビ

アスペルギルス、ペニシリウム、クラドスポリウム、ワレミアなど、製品成分と相性のよいカビ

まとめ

工場内に溜まった残渣からカビが発生すると、カビの製品汚染が発生しやすい危険な状況に陥ります。残渣から発生したカビは、製品に発生しやすいカビであることが多いため注意が必要です。工場内の清掃不良箇所が長期間放置されないよう、こまめに清掃をしておくことが必要です。また、清掃しにくい場所は汚れが溜まりにくく、清掃しやすい構造へ変更していくことも必要です。

事例4

製造環境に発生したカビが水を介して汚染する事故

水中で発生しやすいカビが、水を介して製品を汚染することがあります

カビの汚染源として空気中から汚染するというイメージがありますが、実は冷却水槽や結露水など水を介して汚染するカビもいます。水を多く使う箇所や結露が発生した箇所に好湿性のカビが発育して、製品を直接あるいは間接的に汚染することがあります。

また、液体の製品を流す配管も洗浄ができていないと内部にカビが発生して問題を起こすことがあります（図8-8）。さらに、包装後に冷却工程のある食品では、包材にシール不良やピンホールがあると、冷却水を介してカビに汚染される事例もあるため、冷却水槽の衛生的な管理も重要となります（図8-9）。

図 8-8 日常的に外せないホースは内部にカビが発生しやすい

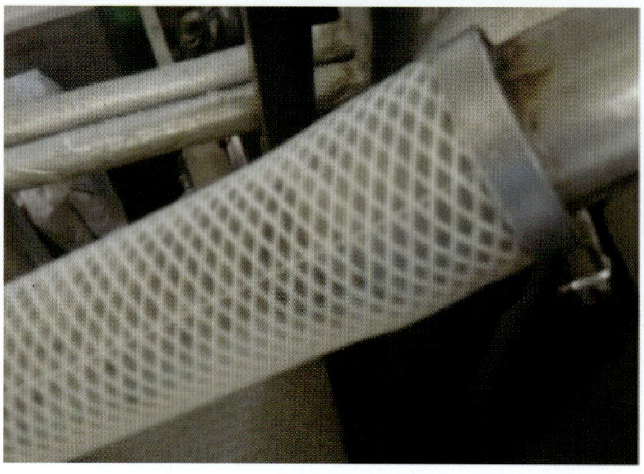

図 8-9 冷却水槽に汚れが溜まっているとカビが発生し、冷却水を介して製品を汚染する

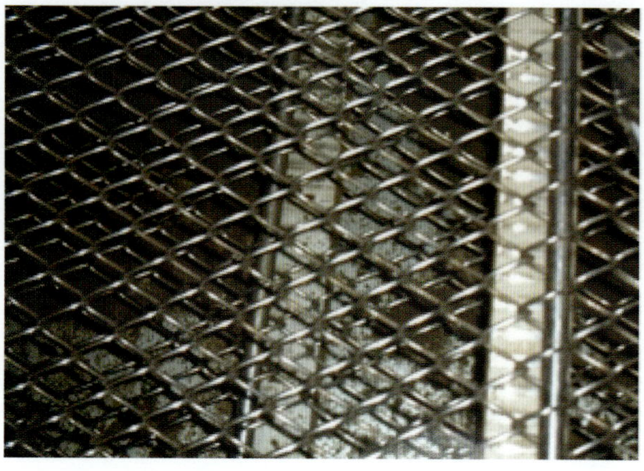

問題となりやすい製品

飲料、ゼリー、ところてんなど、液体食品、充填液が入った食品

発生しやすい製造現場の特徴

- 液状食品、充填液の配管で日常的に洗浄がしにくい箇所が多い
- 包装後に加熱する食品の冷却水槽が汚れている（包材にシール不良、ピンホールがあるとカビ汚染が発生）

原因カビ

- 水で伝播・汚染するカビ（水中・結露水の発生箇所）

…▶ アウレオバシジウム、フザリウム、フォーマ、エクソフィアラ、フィアロフォーラなど、好湿性、耐乾性カビの一部

まとめ

液体の食品を製造している工場では、水中で発生するカビに注意が必要です。配管内の洗浄を適切に行いカビの発生を防ぎましょう。冷却水槽など水を使う箇所では、水質の管理を適切に行い、カビの発生を防いでおくことも必要です。

事例5

クリーンブース内に発生したカビによる汚染事故

クリーンブース内にカビが発生すると、胞子を浮遊させて食品を汚染することがあります

液体食品などの高い清浄度が要求される食品の充填工程では、HEPA フィルターをつけたクリーンブースを設置しています。しかし、クリーンブース内部のフィルター吹き出し側や機械周辺にカビが発生してしまうことが多く、内部で発生したカビが製品を汚染することがあります。クリーンブース内部の洗浄時に使用する水や蒸気により湿度が高い状態となるため、内部にカビが発生しやすくなります。また、クリーンブース内の製造機械の洗浄しにくい部分に、カビが発生することがあります。カビは胞子を飛散させるため、クリーンブース内部でカビが発生すると胞子が飛散して、製品を汚染するケースがありますので注意が必要です。クリーンブース内部の浮遊カビ検査を定期的に行い、カビが発生していないかモニターしておくことも重要となります。

クリーンブースで発生しやすいカビの汚染例

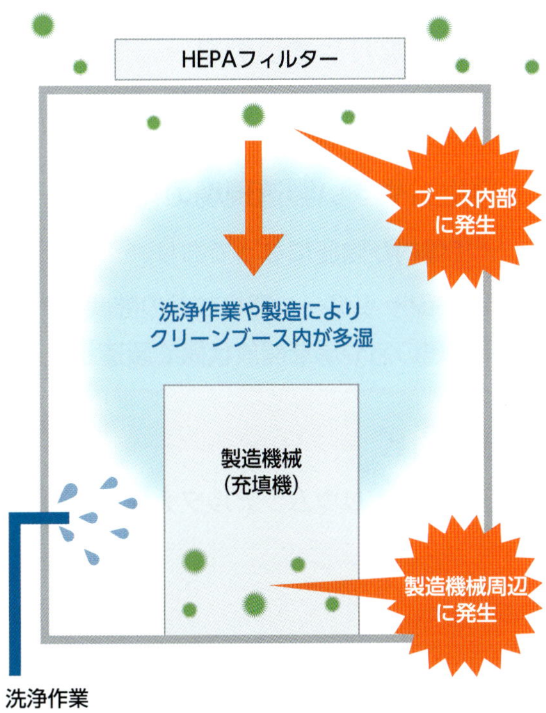

外気とともに流入するカビによる汚染事故

事例6 屋外から外気が流入すると工場内に存在するカビ数が増加し、食品を汚染する危険性が高まります

外気には多種多様なカビが浮遊しています。工場に外気が直接流入すると、外気に存在していたカビが侵入して工場内のカビ汚染度が高まります。特に、工場内が陰圧になると、扉や窓の隙間などから外気が直接流入してきます（図8-10、8-11）。

土埃が舞いやすい場所では、風の強い日に外気中のカビ数が増えることがあり、工場内へ侵入するカビも増えます。土埃や外気が流入している工場では、工場内を汚染しているカビの種類もバラエティーに富んでおり、さまざまな種類のカビによる汚染事故が発生するだけでなく、外気の汚染度に影響を受けるため、予期せぬ汚染事故を引き起こすことがあります。

図 8-10 窓の隙間から外気が流入している箇所・黒い汚れがスジ状に付着している

図 8-11 給気口吹き出し部分に付着していた外気由来のカビ（室内環境と異なり雑多なカビが検出される）

問題となりやすい製品

焼き菓子（和菓子、洋菓子）、パン、魚肉練り製品など、加熱後に長時間放冷している食品

発生しやすい製造現場の特徴

- 工場内が陰圧になっており、工場の扉や窓の隙間から外気が流入している

…▶ シャッター、窓枠などの隙間の外気流入箇所など

- 工場の窓や扉を開放状態で製造している

原因カビ

クラドスポリウム、アルタナリア、フォーマなど、雑多なカビが問題となる

まとめ

外気にはさまざまな種類のカビが多く浮遊しています。外気のカビ汚染度は天候や季節により大きく変化します。外気が直接流入する工場では、内部のカビ汚染度が変化しやすく、予期せぬ事故が発生することがあります。工場内へ外気が流入しないよう隙間埋めを行い、工場が陰圧にならないように空気のバランスを調整しておくことも重要です。

事例7

耐熱性カビによる汚染事故

耐熱性カビは食品を加熱しても生き残る厄介なカビです

ほとんどのカビは熱に弱く、60～70℃・10分程度の加熱処理により死滅しますが、「耐熱性カビ」と呼ばれるカビは、耐熱性の胞子（子のう胞子）を形成し、75℃・30分以上の加熱に生残します。缶詰をはじめ、果汁飲料、漬物、もち、ゼリーなど、加熱工程のあるさまざまな食品で問題を引き起します。

図 8-12 ネオサルトリアの子のう胞子

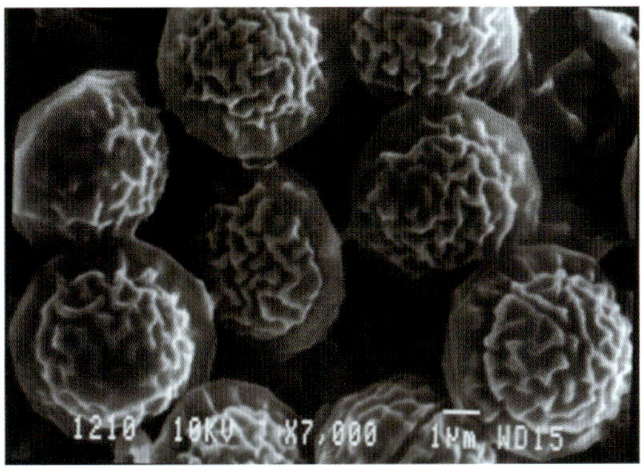

耐熱性カビは世界各地の土壌をはじめ、国内の土壌中にも広く分布していますので、農耕地や果樹園などの土壌にも生息することが多く、そこで収穫される果実（果汁）や野菜などの原料が汚染源となっているケースが多いです。しかし、原料に含まれる子のう胞子の汚染度は非常に低いことが多いため、原因究明が困難なことが多いです。その他、土埃とともに屋外から侵入し、工場内の塵埃などとともに環境から分離される事例もあります。

図 8-13 ネオサルトリア（子のう菌類）の生活環

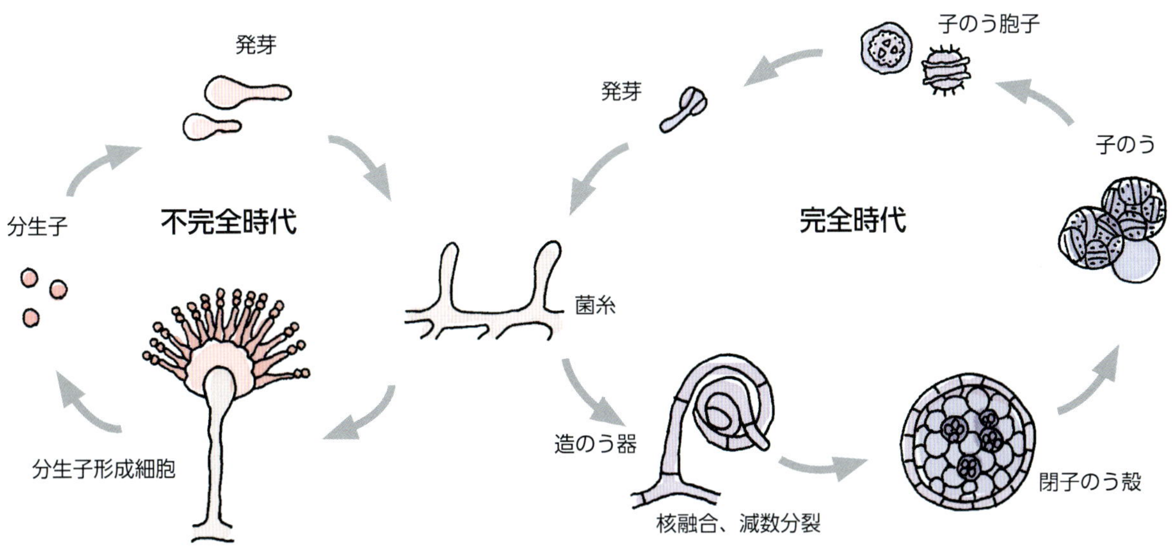

問題となりやすい製品

- 缶詰、果汁飲料、漬物、もち、ゼリーなど、加熱工程のあるさまざまな食品

…▶ 包装後に加熱する食品では、包装後の加熱がヒートショック（下記ミニ知識参照）となり、カビが発生しやすくなる

発生しやすい製造現場の特徴

- 原料に果汁や野菜など耐熱性カビに汚染を受けやすい原料を使用している

…▶ 原料に含まれる子のう胞子の汚染度は非常に低いことが多い

- 工場周囲に畑など土埃が飛散しやすい場所がある

…▶ 土埃が工場の扉や窓の隙間から流入しやすい場合は注意が必要

原因カビ

ビソクラミス、ネオサルトリア、タラロマイセス、ユーペニシリウムなど子のう菌類、アースリニウム

ミニ知識

耐熱性カビ

食品で問題となりやすい耐熱性のカビのほとんどは、子のう菌類です。子のう菌類は「子のう胞子」と呼ばれる耐熱性の胞子を形成する特徴を持っています。原料や加熱前の中間製品に「子のう胞子」が汚染すると、製造工程の加熱処理でも生残し、発芽して菌糸を伸ばして肉眼で確認できる程度に発育することで、異物混入などの問題を引き起こします。

また、子のう胞子は土壌の中などで休眠状態となっており、その休眠が加熱処理によって打破されて活性化すること（ヒートショック）で、胞子が発芽して発育しはじめます。特に70～80℃付近の加熱は休眠胞子を活性化させるため、包装後に加熱工程のある食品で発生する事例が多くなっています。

番外編

製造現場に発生するカビが引き起こす問題

工場内にカビが発生すると、カビをエサとする食菌性昆虫が大量に発生することがあります

工場内にカビが発生すると製品を汚染するだけでなく、カビをエサとする食菌性の昆虫が製造現場で発生することがあります。食菌性昆虫として知られている代表的な昆虫は、チャタテムシ、ヒメマキムシなどが知られています。いずれも体長１～3mm 程度の微小な昆虫ですが、しばしば大量に発生して、食品への混入事故を引き起こす危険性も高まります。

また、食菌性昆虫はカビが体表に付着、体内にも保菌しているため（図8-16）、昆虫の移動とともにカビを拡散させる危険性もあります。工場内のカビを取り除き、湿気を下げてカビが生育しにくい環境にすることが重要です。

図 8-14 チャタテムシ類（無翅虫）

図 8-15 ヒメマキムシ類

図 8-16 ヒメマキムシから分離されたカビ

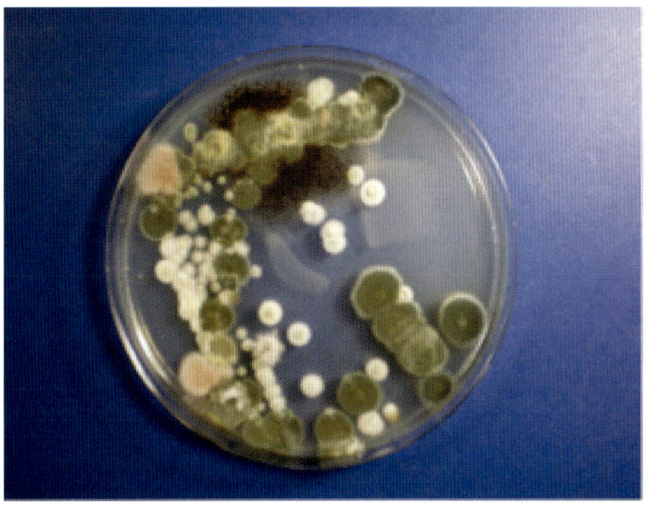

ミニ知識

チャタテムシ類（図 8-14）

梅雨時期～夏季にかけて多く発生し、相対湿度70％以上、18℃以上で増殖します。卵～成虫の期間は28日間（ヒラタチャタテ：湿度75％・25℃）。翅をもった有翅虫と翅のない無翅虫の2タイプがいます。雑食性の昆虫ですが、特にカビを好んでエサとします。そのため、カビが生じた場所で大発生する場合があります。

ヒメマキムシ類（図 8-15）

晩春～初夏に多く発生し、卵～成虫の期間は約36日間（ホソヒメマキムシ：24℃）。成虫、幼虫ともに菌食性の昆虫として知られています。屋内ではカビの生じた乾燥食品、壁内部の断熱材などで発見されることが多い昆虫です。

9 生える前の制御策

カビ汚染予防策へのステップ

POINT

❶ 製造環境にカビが繁殖すると、カビの除去にコストがかかるだけでなく、飛散した大量の胞子により、製品が汚染されやすい危険な状態になる

❷ 製造環境にカビが発生してから対処するのではなく、製造環境にカビが発生する前の予防策が重要となる

❸ 自社の製品で問題となりやすいカビをターゲットに工場の汚染度を監視し、カビ汚染の予防へ向けた継続的な改善の仕組みを構築していく

1 自社の製品で問題となりやすいカビを確認する

カビによる問題発生の予防策を構築する際、すべてのカビをターゲットに汚染度を把握する必要はありません。まず、自社の製品で問題となりやすいカビの種類を把握していきます。

自社製品で発生しやすいカビの種類を把握するための手段の例

過去のクレーム事例

・過去にクレームが発生したカビの種類のデータを蓄積しておく

同様の商品での発生事例

・カビに関する書籍、文献などを参考にする

虐待試験により製品発生カビを確認する

・製造環境に最終製品を曝露し（カビを強制的に汚染させて）、それを保存して発育するカビを確認する

・脱酸素剤などが入っている製品は、脱酸素剤を抜くか、開封して保存し、発育するカビを確認する

2 自社工場内のカビ汚染状況を監視する（問題になりやすい場所をマークする）

自社で問題となりやすいカビをターゲットに工場内の汚染度を監視していきます。特にカビが問題となりやすいエリアや製造ラインを重点的にカビの汚染状況を確認します（図9-1）。

現場の目視確認

● 問題となっているカビの特性に基づいた汚染危険箇所の洗い出し

問題となりやすいカビの特性に応じて、カビが発生しやすい場所や製造ラインの周辺を中心に目視による点検を行う。目視点検により発生が確認された箇所や、カビより製品が汚染される危険性が高い箇所を中心にカビの汚染度検査を実施して問題となるカビの存在を確認する。

問題箇所の汚染度検査

● カビ汚染危険箇所を監視するため、付着カビ、空中カビ、空調汚染カビなどを検査する

図 9-1 問題になりやすい場所をマークする（ハザードマップ）

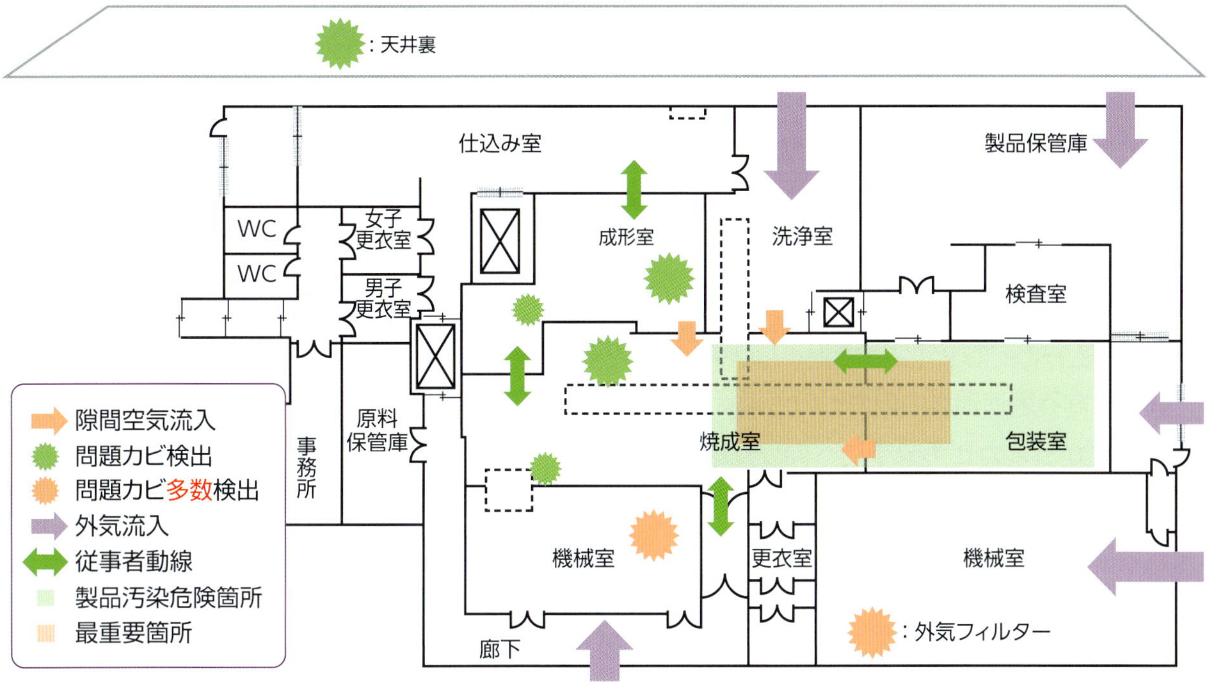

図 9-2 カビ汚染度のモニタリングにおける評価基準の考え方の一例

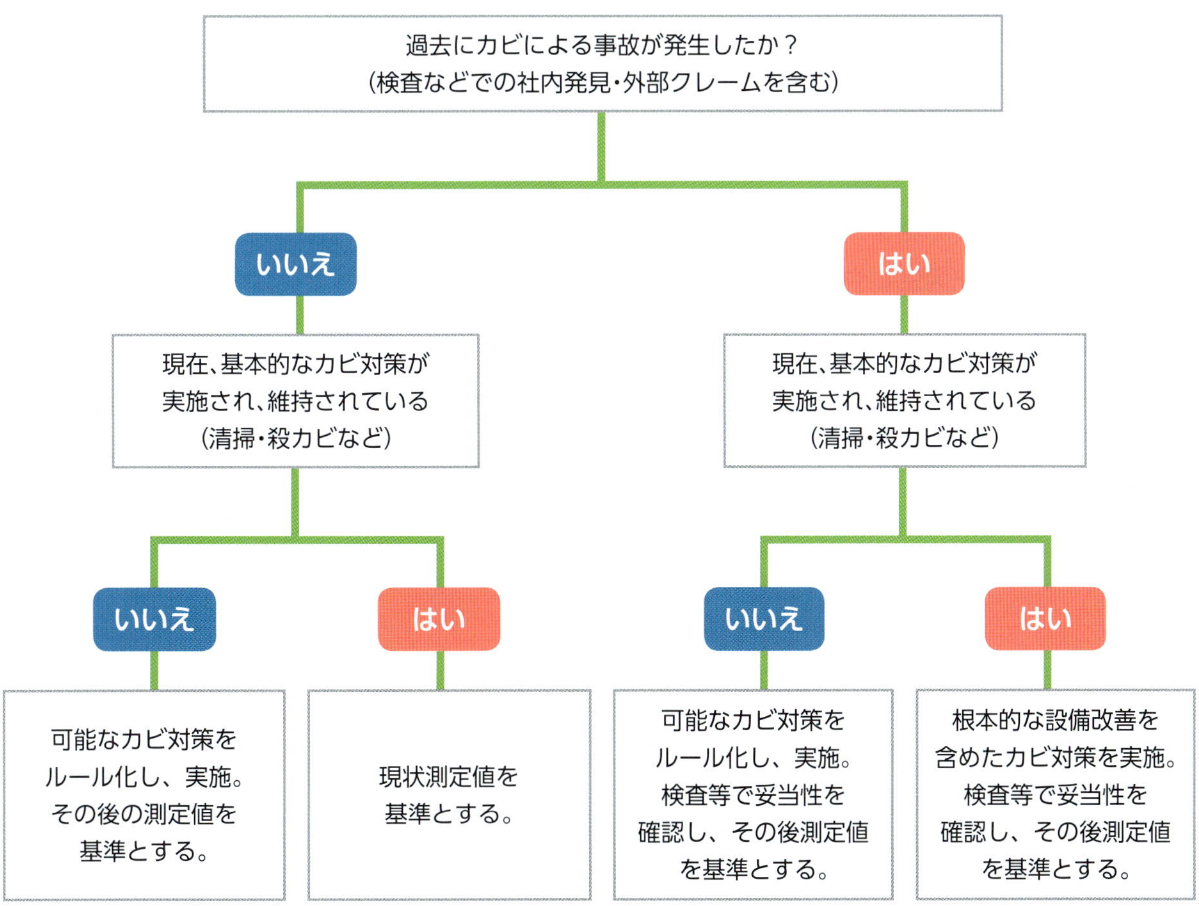

工場内各所のカビ汚染度を定期的に検査し、問題となりやすいカビをターゲットとしてモニタリングを行います。検出されたカビはただその数を調べるのではなく、自社製品で問題となるカビの有無やその個数を確認して評価していきます。万が一、問題となるカビが多く検出されるような箇所については、目視点検の結果と併せて、原因の確認や改善活動を行っていきます。なお、検出されたカビの個数については基準がないため、カビのクレーム発生状況やカビ対策の実施状況により、得られた結果の評価を行います（図9-2、P.99）。

3 カビ汚染予防へ向けた継続的な改善の仕組みを構築する

問題となる製造環境中のカビの汚染状況、製品のカビ汚染度やクレームの発生状況などについて監視しながら、カビ汚染予防へ向けた継続的な改善へ取り組むための仕組みを構築していきます（図9-3、9-4）。

問題カビの低減に向けた総合的な改善活動の仕組みの例

予防対策の目標

・クレーム件数や環境のカビ汚染度などの目標を設定する

改善活動の計画

・目標へ向けて必要な活動スケジュールを立てる

従事者への教育

- カビの基礎知識
- 工場のカビ汚染しやすい箇所、カビ対策で重要なルールを従事者へ落とし込み
  - ・現場での清掃のポイント、製品の取り扱いや危険な作業

継続的な改善活動

- カビクレームが増加する時期の前に製造場内を清掃（日常的に清掃できない箇所を中心）
- カビクレームが発生しやすい時期のカビ汚染度調査

活動の評価と見直し（活動の検証）

- クレームの件数、改善活動の実施状況
- 次年度の目標、新たな活動計画の検討

図 9-3 カビ予防対策の構築

【目標】:カビクレーム○○件以下

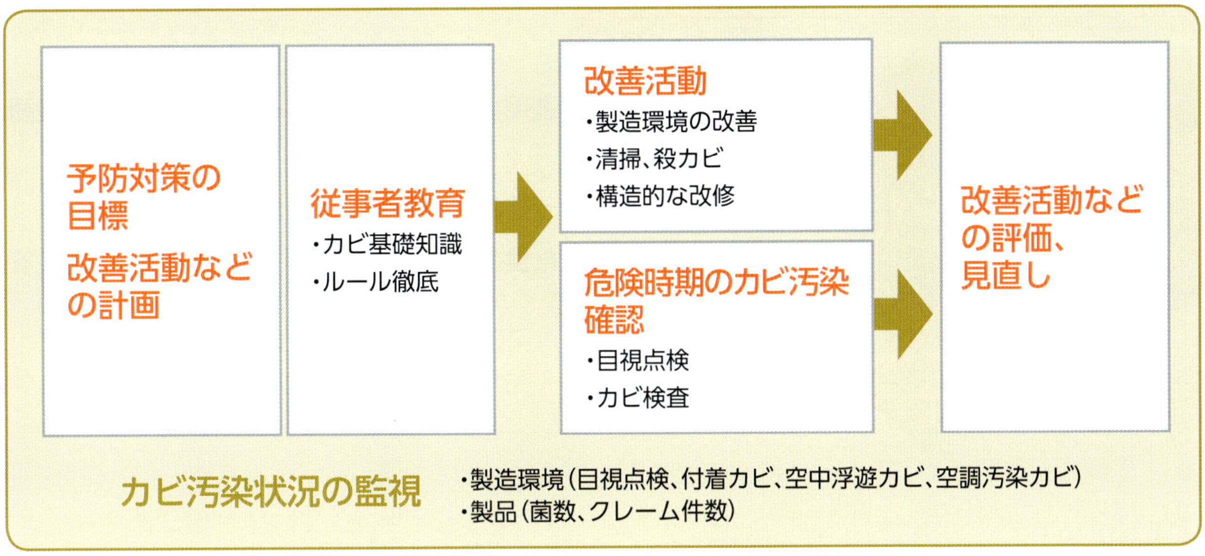

図 9-4 カビクレーム予防へ向けた活動

【目標】:カビ発生クレーム低減のためのカビ予防対策の構築

No.	実施内容と項目	具体的な活動		実施月度											
				1	2	3	4	5	6	7	8	9	10	11	12
								カビクレーム増加期間							
								カビ発生危険期間							
1	カビ汚染状況の監視	カビ汚染危険箇所の監視 ※各所で実施し、コロニーの発生状況確認(問題カビの検出状況)	原料検査 ※優先度の高いものから順次	●	●	●	●	●	●	●	●	●	●	●	●
			浮遊菌検査	●	●	●	●	●	●	●	●	●	●	●	●
			付着菌検査	●	●	●	●	●	●	●	●	●	●	●	●
2	改善活動	一般従事者へのカビ対策落とし込み	従事者を対象に勉強会開催 ・カビの基礎知識 ・カビの検出状況の報告、説明 ・カビクレームを起こさないための注意点(現場の清掃ポイント、危険な作業など) ・工場ルールの説明			●									
		カビ発生クレームのリスク低減に向けた継続的な改善活動	調査結果や工場点検から改善実施 ・カビ汚染箇所の除去 ・日常的に清掃できない箇所の清掃 ・空調清掃 ・サニタリー性の向上、構造的な見直しなど			●	●	●	●	●	●	●	●	●	●
3	危険時期のカビ汚染調査	カビ発生リスクの上昇する危険時期のカビ汚染度調査・汚染危険箇所の洗い出し	【カビクレームの発生しやすい時期の点検強化】 ・製造現場の目視点検 ・問題カビの特性に基づく、汚染危険個所の洗い出し ・問題箇所のカビ汚染度確認(付着カビ、空中浮遊カビ、空調汚染カビなど) ※問題カビの有無(菌叢確認) ・カビ対策の強化						●						
4	年間検証会議	改善活動等の評価、見直し	・監視方法の検証(監視場所の変更など) ・年間検査データの確認 ・次年度の目標 ・活動の検討												●

10 カビの検査

食品汚染カビはどこから？

POINT

❶ 食品および製造環境の検査を行うことにより安全性を確認できる
❷ 日常検査によって異常の兆候に速やかな対応ができる
❸ カビの発生した食品を検査することで原因や対策を講じることができる

1 食品の安全性を確認する

食品を製造する者は消費者に安全な食品を提供し安心して食べていただく責任があります。そのためには科学的な証明が必要で、その証明は検査をすることで可能となります。日常業務として日々安全で、高品質の食品を製造するために検査が必要です。事故が起こってからでは手遅れです(図10-1)。常に消費者を意識した食品製造を行ってください。

2 日常業務の異常値に対する対応

日常業務として検査を行っていた場合に異常値がみられることがあります。例えば、食品中のカビ数が急に多くなったり、いつもと違う色や形のカビがみられる場合などです。また、製造環境では空中カビ数が通常と異なる数値になると製品に付着するカビが異常に多くなることがあります(図10-2)。そういった異常を検査で見つけることで、事故が起こる前に原因を追求・改善する等の速やかな対応も可能となります。

3 カビ被害への原因と対策

食品にカビ被害が起こった場合の検査は重要です（図10-3）。カビが目でみえる時には発生してからすでに数日以上経過していることになります。カビが発生した場合は速やかにカビの種類を調べる（同定する）ことにより原因や対策を講じることができます（図10-4）。

4 消費者への説明

問題が発生し消費者に対して何らかの説明を要す場合は、科学的な根拠により事実を説明する必要があります。消費者に説明する上で的確な検査結果が重要となります。

図 10-1 事故が起こってからの対応はむずかしい

図 10-2 日常業務の中で異常値に気付く習慣をつける

図 10-3 カビの発生した食品

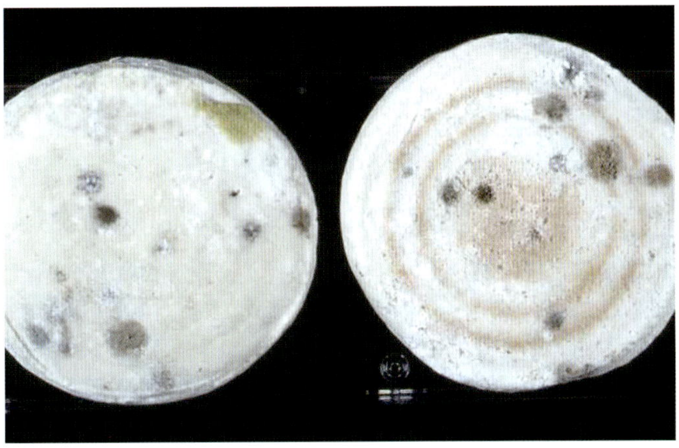

図 10-4 カビの検査風景

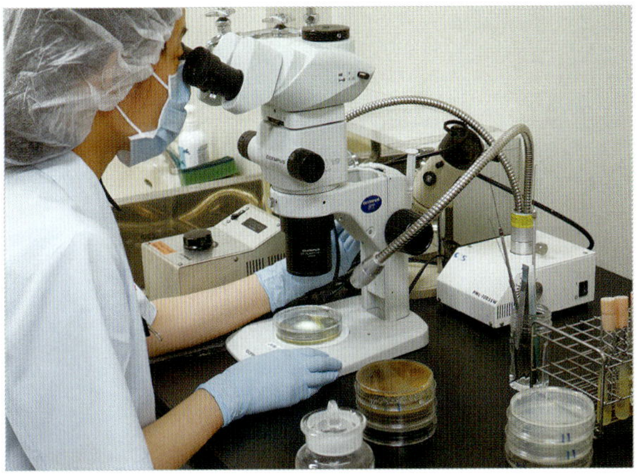

実体顕微鏡操作

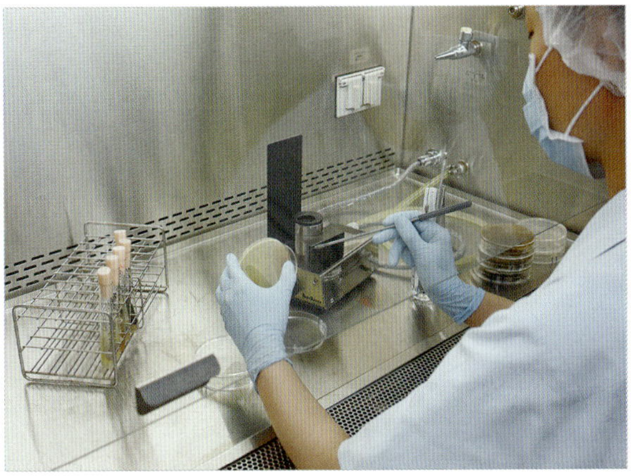

安全キャビネットでの操作

カビの検査法

POINT

❶ カビ胞子の飛散を防ぐため、検査環境を確保し、エタノール噴霧による空中消毒を行う

❷ 検査の対象は主に①食品カビ、②空中カビ、③付着カビ、④汚染カビである

❸ 食品および製造環境の検査内容は主にカビ数やカビの種類である

❹ カビの培養条件は、通常培地を準備し、培養温度20～30℃、培養期間5～7日間である

1 カビの検査環境

カビの胞子は飛散しやすいため、検査環境は空気の流れがないことを確かめます。また、可能であれば細菌検査室とは別に独立したカビ用検査室を設けたり、無菌箱や安全キャビネットを使用することで汚染を防止します。検査前後に消毒用エタノールを噴霧して消毒を行うと汚染防止になります。

2 検査対象項目

食品を検査する場合、主に①日常のルーチン業務、②事故品検査などがあります。

製造環境を検査する場合、主に①空中カビ、②建物や器物の付着カビおよび汚染カビなどになります。なお、空中カビ測定はエアサンプラーを用いる浮遊法と落下法があります（図10-5）。

3 カビを検査する

カビの検査では、多くは食品や製造環境のカビ数を測定します（図10-6）。つまり、食品やその環境にどれくらいのカビがいるかを調べます。その測定結果が多いか少ないかは単純に数値だけで判断せず、日頃の検査結果とも比べて総合的に判断します。

また、カビの種類の検査は事故品から出たカビがどのようなものかを同定することにより原因究明や対策の糸口になります（図10-7）。ただし、自社での同定が難しい場合は、専門の検査機関などに相談する方法もあります。

4 培養条件

カビを培養する場合、まずカビ用の培地を準備します。一般にはポテトデキストロース寒天(PDA)培地を用います。検査試料を培地に植え、20～30℃の範囲で5～7日間くらい培養します。

図 10-5 空中カビ測定法

エアサンプラーを用いる浮遊法

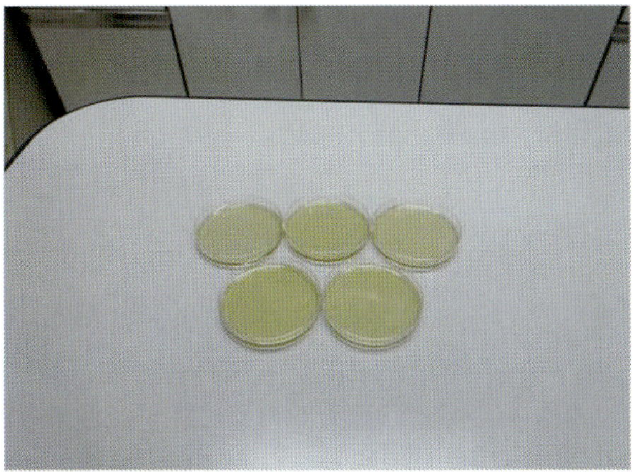

寒天平板を用いる落下法

図 10-6 食品カビ検査　カビ数測定による発育推移

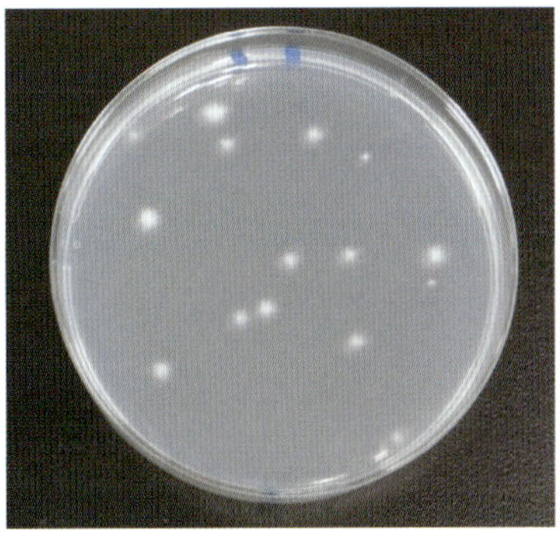

培養２日目

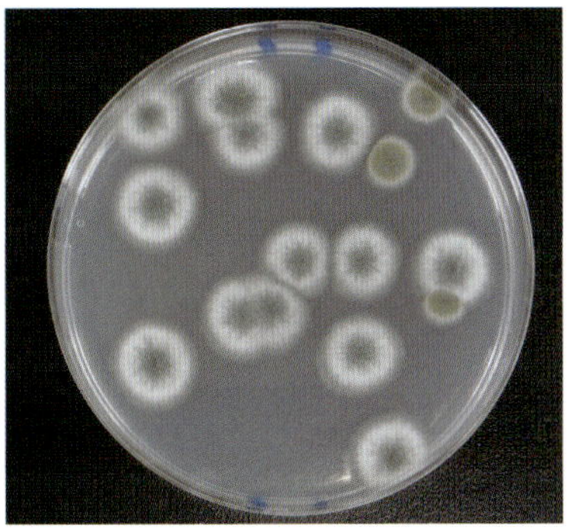

培養４日目

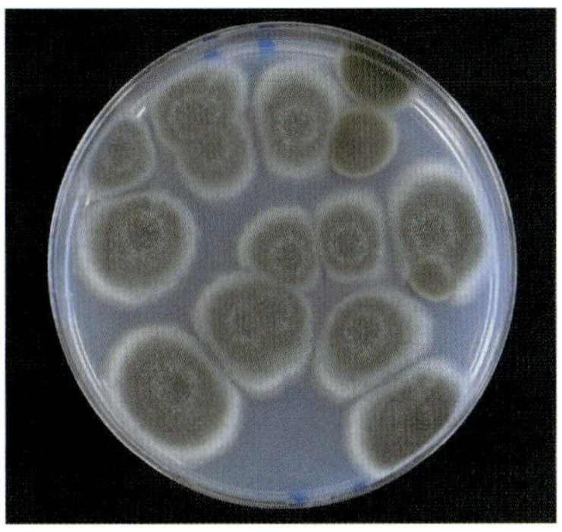

培養７日目

図 10-7 カビの同定

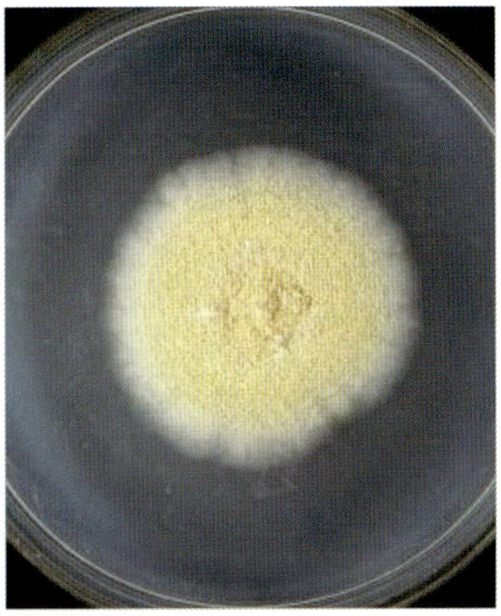

同定用平板

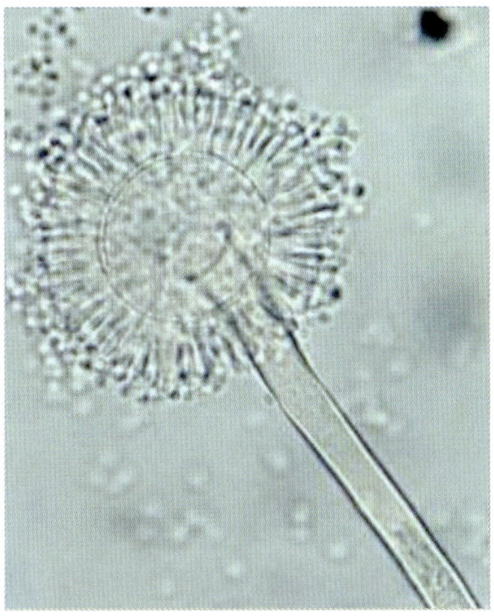

顕微鏡形態

カビ Q&A

Q1 どれくらいの時間カビは空中で浮遊していますか?

A 空中のどこにでもカビの胞子が浮遊しています。胞子の大きさは多くは3～10μm程度です。胞子が静かなところで浮遊していた場合、1m落下するのに30分から2時間くらいかかります。一方、細菌のように小さな細胞では1m落下するのに半日かかります。カビによる食品事故が起こりやすいのは、このように落下する時間が短いことによります。

Q2 付着したカビはいったいいつまで生きていますか？

A 空中にいたカビがものの上に落ちた場合、カビの種類によりますが、一般には長い時間生き続けます。たとえば、アオカビ、クロカビ等は半年から数年間生存しますので決して安心してはいけません。着衣についたカビ、壁面についたカビ、キャップや容器についたカビというように、食品にはカビがいなくてもその周辺には長生きをしたカビが待ち構えています。ですから製品の包装段階では容器など製造環境からのカビ汚染に気をつけてください。カビって長生きですから。

Q3 低温 (4～8℃) ではどれくらいでカビは生えますか？

A カビの生えやすい温度は20℃台であることは本書で述べました。それでは低温の場合には、どれくらいで食品に生えることができるのでしょうか。それは食品の養分などと関係しますが、たとえば、飲料では数週間後、野菜では1～数週間後、パン類、和菓子類、生めん類、ジャムなどの食品では2、3週間後などです。つまり低温だからといって安心できません。低温では発育がただ遅いだけです。

Q4 カビの生えた食品を見るといろいろな色が見られます。この色はカビのどこの部位の色ですか?

A 確かにおっしゃる通り、カビが生えると色を出します。赤、黒、青、黄、紫などさまざまです。この色はカビ細胞の集合によって目で見えるようになります。つまり個々のカビ細胞はほとんど色が見えません。カビの色は細胞表面にわずかについているため、それが無数に集まると青に見えたり、黒に見えたりするのです。

Q5 脱酸素剤でカビは生えなくなりますが、同時に死にますか？

A 脱酸素剤は、このところカビ対策としてさまざまな食品に応用されています。とりわけお土産屋さん、日持ちさせるためのまんじゅう、もちなど身の回りの食品に使われています。ところが、質問にありますように脱酸素剤でカビは生えなくなり、さらに多くの方がカビを死滅させると思っています。これは間違いです。脱酸素状態では発育が抑制されているだけと思ってください。つまり、そう簡単に死滅しません。現実にお土産屋さんで買ったお菓子が開封後に空気に触れることによりカビが生える現場を見たことありませんか？

Q6 塵埃にはどれくらいカビがいるのでしょうか？

A 塵埃はどこにでもみられます。ところで塵埃って何だかわかりますか。塵埃は周辺にあるさまざまなものの集合体です。食品原料、土壌、植物、繊維、木くず、生物の死骸などさまざまです。乾燥すると飛散しやすい微粒子の集まりです。その塵埃はカビやダニにとって住みやすい場です。塵埃がある量だけカビもいます。塵埃中のカビを調べたことがあり、重量でいきますと1gの塵埃に10万以上のカビがいます。塵埃を除去することがカビ対策にいかに大切か知ってください。

Q7 屋内の空中にはどんなカビがどれくらいいますか？

A 食品製造環境での空中カビは、食品業種によって異なります。たとえば穀粉を扱っていますとその影響を受け、特にコウジカビやアオカビなどが多くなり、1m^{3}中に数百～2千くらい飛散します（表1）。特に多いのは粉原料を扱っている場所ですが、和菓子を扱っているところも同様です。

飲料関係では、外気が入らない限り汚染することはありません。空中カビも少なく1m^{3}中に数十～数百程度です。

乾物食品を扱うところでは、カワキコウジカビ、好乾性コウジカビのような好乾性カビが主役になります。こうした環境は干物を乾燥する段階で付着・発生し、空中に浮遊することがしばしばあります。

表1　食品製造環境中の主要な空中カビ

扱う食品の種類	空中カビの種類
水産物を扱う環境	クロカビ、ススカビ、黒色酵母様菌
穀粉を扱う環境	コウジカビ、アオカビ、カワキコウジカビ
乾物を扱う環境	カワキコウジカビ、好乾性コウジカビ
野菜果実を扱う環境	アカカビ、クモノスカビ、クロカビ
発酵食品を扱う環境	黒色酵母様菌、クモノスカビ
糖分の多い食品を扱う環境	アズキイロカビ、好乾性コウジカビ、カワキコウジカビ

Q8 現在わが国で規制されているカビ毒は3種類ですが、今後、規制対象が拡大されますか？

A わが国でのカビ毒規制は現在、総アフラトキシン、デオキシニバレノール（DON）、パツリンの3種類です。アフラトキシンは、当初はアフラトキシン B_1としての規制でしたが、平成23年に国際的な規制との整合性を図るために総アフラトキシン規制となりました。DONは国内では重要なカビ毒です。小麦のアカカビ病がそれで、収穫直前に被害を受けやすく農水省では生産農家を保護する立場から重要なカビ毒対策として取り組んでいます。

Q9 カビの生えた食品を食べると健康被害を受けますか？

A この相談は非常に多いです。皆さんはカビの生えた食品をどのようにイメージしていますか？　カビだらけの食品を食べる？それとも多少カビが生えている食品でしょうか？　いずれにしてもカビの生えた部分をどれほど食べたかの量が問題になります。
ただし、カビが多量に生えた食品を食べることはあるでしょうか。それはむしろまれなケースで、少量を食べてしまうケースがほとんどのようです。
食品に生えたカビは異物です。その異物を少量食べることで何らかの症状を引き起こす可能性は低いと考えられます。その理由は、異物は消化されず、消化器系での高温、嫌気状態で生えることもなく、そのまま排泄されるからです。それはクロカビ、アオカビでも異物と同じです。ですからカビで健康被害が問題になるとすれば少量のカビ毒を長期間摂食することによる慢性の症状です。

Q10 消毒薬や殺カビ剤の臭いが強いので薄めて使ってもよいですか？

A 消毒薬としてよく利用されるものに消毒用エタノールや次亜塩素酸ナトリウムなどがあります。これらを使う場合、消毒用エタノールはだいたい70%あたりの濃度のものが使われます。また、次亜塩素酸ナトリウムはまちまちですが100～200ppmぐらいでしょうか。一般家庭で原液を希釈することは少なく、ほとんど商品として調製されたものを購入しています。
この消毒薬や殺カビ剤を使うときに臭気がきついといって薄める人がいますが、これは結論から言うとやってはいけないことです。市販の消毒薬や殺カビ剤はカビに対する有効濃度となっており、それ以下の薄めた濃度では限りなく効果が弱くなります。したがって薬剤は決まった処方で使うように心がけてください。

●主なカビの名称一覧

カタカナ表記	学　名	俗　名
アースリニウム	*Arthrinium*	アースリナム菌
アースリニウム・フェオスパーマム	*Arthrinium Phaeospermum*	
アウレオバシジウム	*Aureobasidium*	黒色酵母菌、黒酵母
アウレオバシジウム・プルランス	*Aureobasidium pullulans*	
アクレモニウム	*Acremonium*	
アクレモニウム・ストリクタム	*Acremonium strictum*	
アクレモニウム・チャーティコラ	*Acremonium charticola*	
アスペルギウス	*Aspergillus*	コウジカビ
アスペルギウス・アリアセウス	*Aspergillus alliaceus*	
アスペルギウス・オクラセウス	*Aspergillus ochraceus*	
アスペルギウス・カルボナリウス	*Aspergillus carbonarius*	
アスペルギウス・グラウカス	*Aspergillus glaucus*	
アスペルギウス・クラバタス	*Aspergillus clavatus*	
アスペルギウス・シドウィ	*Aspergillus sydowii*	
アスペルギウス・シトリカス	*Aspergillus citricus*	
アスペルギウス・ニガー	*Aspergillus niger*	クロコウジカビ
アスペルギウス・ニデュランス	*Aspergillus nidulans*	
アスペルギウス・ノミウス	*Aspergillus nomius*	
アスペルギウス・バージカラー	*Aspergillus versicolor*	
アスペルギウス・パラジディカス	*Aspergillus parasiticus*	
アスペルギウス・フミガタス	*Aspergillus fumigatus*	
アスペルギウス・フラバス	*Aspergillus flavus*	
アスペルギウス・ペニシロイデス	*Aspergillus penisilloides*	
アスペルギウス・レストリクタス	*Aspergillus restrictus*	
アブシジア	*Absidia*	ユミケガビ
アブシジア・コリンビフェラ	*Absidia corymbifera*	
アルタナリア	*Alternaria*	ススカビ
アルタナリア・アルターナタ	*Alternaria alternata*	黒斑病菌
アルタナリア・キクチアナ	*Alternaria kikuchiana*	
エピコッカム	*Epicoccum*	
エピコッカム・ニグラム	*Epicoccum nigrum*	
エピコッカム・パープラッセンス	*Epicoccum purpurascens*	
エメリセラ	*Emericella*	
エメリセラ・ニデュランス	*Emericella nidurans*	
エレモセシウム・アスビ	*Eremothecium ashbyii*	
エンドマイセス	*Endomyces*	
オイディウム・アウランティカム	*Oidium(Geotrichum)aurantiacum*	
オースポラ	*Oospora*	
オースポラ・コロランス	*Oospora colorans*	
カーブラリア	*Curvularia*	
カーブラリア・ルナータ	*Curvularia lunata*	
カンジダ	*Candida*	
カンジタ・ファマータ	*Candida famata*	
カンジタ・プルチェリーマ	*Candida pulcherrima*	

カタカナ表記	学　名	俗　名
キセロマイセス･ビスポラス	*Xeromyces bisporus*	
クラドスポリウム	*Cladosporium*	クロカビ
クラドスポリウム･クラドスポリオイデス	*Cladosporium cladosporioides*	
クラドスポリウム･スフェロスパーマム	*Cladosporium sphaerospermum*	
クリソスポリウム	*Chrysosporium*	
クリソスポリウム･ファスティダム	*Chrysosporium fastidum*	
クリプトコックス	*Cryptococcus*	
クリプトコックス･ネオファルマンス	*Cryptococcus neoformans*	
クルイベロマイセス	*Kluyveromyces*	
クロッケラ・アピキュラ	*Kloeckera apicula*	
ゲオトリクム	*Geotrichum*	ミルク腐敗カビ
ゲオトリクム･カンディダム	*Geotrichum candidum*	
ケトミウム	*Chaetomium*	ケタマカビ
ケトミウム･グロボサム	*Chetomium globosum*	
コレトトリクム	*Colletotrichum*	炭そ病菌
ザイゴサッカロマセス	*Zygosaccharomyces*	
ザイゴサッカロマイセス･ルクシ	*Zygosaccharomyces rouxii*	
サッカロマイセス・セレビシエ	*Saccharomyces cerevisiae*	パン酵母､ワイン酵母
ジベレラ	*Gibberella*	
ジベレラ･ゼアエ	*Gibberella zeae*	
ジベレラ･フジクロイ	*Gibberella fujikuroi*	
ジベレラ･モニリフォルメ	*Gibberella moniliforme*	
スコプラリオプシス	*Scopulariopsis*	
スタキボトリス	*Stachybotrys*	
スタキボトリス･チャタラム	*Stachybotrys chartarum*	
ステムフィリウム・ラジキナム	*Stemphylium radicinum*	
スポロスリックス	*Sporothrix*	
スポロスリックス･シェンキー	*Sporothrix schenckii*	
スポロトリクム	*Sporotrichum*	
セラトシスチス・フィムブリアータ	*Ceratocystis fimbriata*	サツマイモ黒斑病菌
タムニディウム・エレガンス	*Thamnidium elegans*	
タラロマイセス	*Talaromyces*	
タラロマイセス･フラバス	*Talaromyces flavus*	
デバリオマイセス	*Debaryomyces*	
トリコスポロン	*Trichosporon*	
トリコスポロン･クタネウム	*Trichosporon cutaneum*	
トリコテシウム・ロゼウム	*Trichothecium roseum*	バライロカビ病菌
トリコデルマ	*Trichoderma*	ツチアオカビ
トリコデルマ･ビリデ	*Tricoderma viride*	
トリコフィトン・ルブルム	*Trichophyton rubrum*	
ドレクスレラ	*Drechslera*	
ニグロスポラ	*Nigrospora*	
ニグロスポラ･オリゼ	*Nigrospora oryzae*	イネ渇紋病菌
ニグロスポラ･スフェリカ	*Nigrosora sphaerica*	

カタカナ表記	学　名	俗　名
ネオサルトリア	*Neosartorya*	
ネオサルトリア・フィッシェリ	*Neosartorya fischeri*	
バシペトスポラ	*Basipetospora*	
ヒストプラズマ	*Histoplasma*	
ビソクラミス	*Byssochlamys*	
ビソクラミス・ニベア	*Byssochlamys nivea*	
ビソクラミス・フルバ	*Byssochlamys fulva*	
ピチア	*Pichia*	
ピチア・アノマーラ	*Pichia anomala*	
ピロボラス	*Pilobolus*	
フィコマイセス	*Phycomyces*	ヒゲカビ
フィティウム	*Phytium*	
フィトフィトラ	*Phytophthora*	
フォーマ	*Phoma*	
フォーマ・グロメラータ	*Phoma glomerata*	
フォーマ・マクロストーマ	*Phoma macrostoma*	
フォモプシス	*Phomopsis*	
フザリウム	*Fusarium*	アカカビ
フザリウム・オキシスポラム	*Fusarium oxysporum*	
フザリウム・カルモラム	*Fusarium culmorum*	
フザリウム・グラミネアラム	*Fusarium graminearum*	ムギアカカビ病菌
フザリウム・スポロトリキオイデス	*Fusarium sporotrichioides*	
フザリウム・セミテクタム	*Fusarium semitectum*	
フザリウム・ソラニ	*Fusarium solani*	
フザリウム・ソラニ・バラエティ・コエルレウム	*Fusarium solani var.coeruleum*	
フザリウム・バーティシリオイデス	*Fusarium verticillioides*	トウモロコシアカカビ病菌
フザリウム・ポアエ	*Fusarium poae*	
フザリウム・モニリフォルメ	*Fusarium moniliforme*	
ペシロマイセス	*Paecilomyces*	
ペシロマイセス・バリオッティ	*Paecilomyces variotii*	
ペシロマイセス・リラシナス	*Paecilomyces lilacinas*	
ベッツィア	*Bettsia*	
ペニシリウム	*Penicillium*	アオカビ
ペニシリウム・アリ	*Penicillium allii*	
ペニシリウム・イスランジカム	*Penicillium islandicum*	イスランジア黄変米菌
ペニシリウム・イタリカム	*Penicillium italicum*	
ペニシリウム・ウルティケ	*Penicillium urticae*	
ペニシリウム・エクスパンザム	*Penicillium expansum*	リンゴアオカビ病菌
ペニシリウム・オーランティオグリセウム	*Penicillium aurantiogriseum*	
ペニシリウム・カマンベルティ	*Penicillium camemberti*	
ペニシリウム・クラストザム	*Penicillium crustosum*	
ペニシリウム・グラブラム	*Penicillium glabrum*	
ペニシリウム・グリセオフルバム	*Penicillium griseofulvum*	
ペニシリウム・クリソゲナム	*Penicillium chrysogenum*	
ペニシリウム・コリロフィラム	*Penicillium corylophilum*	

カタカナ表記	学　名	俗　名
ペニシリウム・コンミューン	*Penicillium commune*	
ペニシリウム・サブロサム	*Penicillium sabulosum*	
ペニシリウム・ジギタータム	*Penicillium digitatum*	
ペニシリウム・シトリナム	*Penicillium citrinum*	シトリナム黄変米菌
ペニシリウム・ソリタム	*Penicillium solitum*	
ペニシリウム・ナルジオベンセ	*Penicillium nalgiovense*	
ペニシリウム・ノルディカム	*Penicillium nordicum*	
ペニシリウム・パツラム	*Penicillium patulum*	
ペニシリウム・バリアビーレ	*Penicillium variabile*	
ペニシリウム・ヒルスタム	*Penicillium hirsutum*	
ペニシリウム・フニキュローサム	*Penicillium funiculosum*	
ペニシリウム・ブレビコンパクタム	*Penicillium brevicompactum*	
ペニシリウム・ベルコサム	*Penicillium verrucosum*	
ペニシリウム・ルグロサム	*Penicillium rugulosum*	
ペニシリウム・ロックェフォルティ	*Penicillium roqueforti*	
ヘルミンソスポリウム	*Helminthosporium*	
ヘルミンソスポリウム・ソラニ	*Helminthosporium solani*	ジャガイモ銀が病菌
ボトリチス	*Botrytis*	ハイイロカビ
ボトリチス・シネレア	*Botrytis cinerea*	
ムーコル	*Mucor*	ケカビ
ムーコル・ラセモサス	*Mucor racemosus*	
モナスカス	*Monascus*	ベニコウジカビ
モナスカス・パープレウス	*Monascus purpureus*	
モナスカス・ルーバー	*Monascus ruber*	
モニリア・シトフィーラ	*Monilia sitophila*	
モニリア・フルクティコーラ	*Monilia fructicola*	
モニリエラ	*Moniliella*	
モニリエラ・アセトアビュテンス	*Moniliella acetoabutens*	
モニリエラ・スアベオレンス	*Moniliella suaveolens*	
ユーロチウム	*Eurotium*	カワキコウジカビ、 カツオブシコウジカビ
ユーロチウム・アムステロダミ	*Eurotium amstelodami*	
ユーロチウム・チェバリエリ	*Eurotium chevalieri*	
ユーロチウム・ヘルバリオラム	*Eurotium herbariorum*	
ユーロチウム・ルブラム	*Eurotium rubrum*	
ユーロチウム・レペンス	*Eurotium repens*	
リゾクトニア	*Rhizoctonia*	ジャガイモ黒あざ病菌
リゾクトニア・ソラニ	*Rhizoctonia solani*	黒あざ病菌
リゾプス	*Rhizopus*	クモノスカビ
リゾプス・オリゼ	*Rhizopus oryzae*	
リゾプス・ストロニファー	*Rhizopus stolonifer*	
ロドトルラ	*Rhodotorula*	
ロドトルラ・ルブラ	*Rhodotorula rubra*	赤色酵母
ワレミア	*Wallemia*	アズキイロカビ
ワレミア・セビ	*Wallemia sebi*	

参考文献

第1章　カビとは

1）厚生労働省監修：食品衛生検査指針 微生物編　日本食品衛生協会出版（2015）
2）日本食品衛生協会編：食品・施設 カビ対策ガイドブック（2008）
3）宇田川俊一編：食品のカビ汚染と危害　幸書房（2004）
4）清水潮：食品微生物の科学　幸書房（2001）
5）宇田川俊一、鶴田理：かびと食物　医歯薬出版（1975）
6）諸角聖、吉川翠、和宇慶朝昭、一言広：食品と微生物 4、133-141（1987）
7）諸角聖：防菌防黴誌 25(6)、355-361（1997）
8）小崎道雄、椿啓介編：カビと酵母　八坂書房（1998）
9）J.W. Decon 著（山口英世訳）：現代真菌学入門　培風館（1992）
10）Samson R.A ea al：Introduction to food and airborne fungi 7th ed. CBS Utrecht（2004）
11）Pitt J.I. and Hocking A.D.* Fungi and Food Spoilage 2nd ed. Aspen Publishers Maryland（1999）
12）Whittaker, R. H.：Science 163, 150（1969）
13）Northolt, M.D. and Bullerman, L.B.：J. Food Protection 45, 519（1982）
14）Woese, C.R., Kandler, O. and Wheelis, M.L.：Proc. Natl. Acad. Sci. 87, 4576（1990）
15）Hibbett et al.：Mycological Research 111, 509-547（2007）
16）Corry, E. J.：Food and Bevarrage Mycology, Beuchat, L.R. ed., Avi. Publishing Co., Connecticut（1978）

第2章　カビが生えるためには

1）日本食品衛生協会編：食品・施設 カビ対策ガイドブック（2008）
2）藤川浩、和宇慶朝昭、諸角聖：食品微生物学会雑誌 22(1)、24-28（2005）
3）宇田川俊一、鶴田理：かびと食物　医歯薬出版（1975）
4）法月廣子（三瀬勝利、井上富士男編）：食品中の微生物検査法解説書　講談社サイエンティフィック（1996）
5）宇田川俊一編：食品のカビ汚染と危害 幸書房（2004）
6）Russell, B. Stevens：Mycology Guidebook, Univ. Washington Press, Seattle（1974）
7）Hawksworth, D.L.：Mycologist's Handbook Commonwealth Mycological Institute, Kew, Surrey, England（1974）
8）Samson R.A et al：Introduction to food and airborne fungi 7th ed. CBS Utrecht（2004）
9）Pitt J.I. and Hocking A.D.* Fungi and Food Spoilage 2nd ed. Aspen Publishers Maryland（1999）

第3章　カビの代謝物

1）日本食品衛生協会編：食品・施設 カビ対策ガイドブック（2008）
2）宇田川俊一、鶴田理：かびと食物　医歯薬出版（1975）
3）宇田川俊一編：食品のカビ汚染と危害　幸書房（2004）
4）角田広、辰野高司、上野芳夫：マイコトキシン図説　地人書館（1979）
5）Samson R.A. et al：Introduction to food and airborne fungi 7th ed. CBS Utrecht（2004）
6）Samson R.A ea al：Food and Indoor Fungi CBS Utrecht（2010）
7）van Rensburg S. J and B. Altenkirk（Purchase, I. F. H. ed.）：Mycotoxins Elsevier（1974）
8）C.M. Christensen (G.N. Wogan ed.)：Mycotoxin in Foodstuffs MIT Press,Massachusetts（1965）

第4章　カビの生態

1）厚生労働省監修：食品衛生検査指針 微生物編　日本食品衛生協会出版（2015）
2）日本食品衛生協会編：食品・施設 カビ対策ガイドブック（2008）
3）宇田川俊一編：食品のカビ汚染と危害　幸書房（2004）
4）高鳥浩介監修：かび検査マニュアルカラー図譜　テクノシステム（2009）
5）宇田川俊一編：食品のカビ汚染と危害　幸書房（2004）
6）Pitt J.I. and Hocking A.D.* Fungi and Food Spoilage 2nd ed. Aspen Publishers Maryland（1999）

7) Samson R.A. et al：Introduction to food and airborne fungi 7th ed. CBS Utrecht（2004）
8) Samson R.A ea al：Food and Indoor Fungi CBS Utrecht（2010）

第5章　食品と食品製造環境

1) 日本食品衛生協会編：食品・施設 カビ対策ガイドブック（2008）
2) 高鳥浩介監修：かび検査マニュアルカラー図譜　テクノシステム（2009）
3) 諸角聖編：食品苦情と事故防止対策　中央法規（2009）
4) Raper, K.B & Fennell, D.I.：The Genus Aspergillus Williams & Wilkins Co., Baltimore（1965）
5) Raper, K.B.& Fennell, D.I.：A Manual of the Penicillia, Hafner Publishing Co.,New York（1968）
6) Samson, R.A.,：Introduction to Food-Borne Fungi CBS, Amsterdam（1988）

第6章　知っておきたい制御データ

1) 日本食品衛生協会編：食品・施設 カビ対策ガイドブック（2008）
2) 宇田川俊一編：食品のカビ汚染と危害　幸書房（2004）
3) 高鳥浩介監修：かび検査マニュアルカラー図譜　テクノシステム（2009）
4) 五十君静信、江崎孝行、高鳥浩介、土戸哲明：微生物の簡易迅速検査法　テクノシステム（2013）
5) 藤井建夫：食品の保全と微生物　幸書房（2001）
6) 山本茂貴、丸山務、春日文子、小久保弥太郎監修：微生物制御の全貌 食品微生物の生態　中央法規（2011）
7) 芝崎勲監修：殺菌・滅菌除菌ハンドブック サイエンスフォラム（1985）
8) 柳井昭二、石谷孝佑、小城年久：糸状菌の生育におよぼす酸素濃度の影響について　食品工業学会誌27（1980）

第7章　製造現場での制御対策

1) 食品工業編集部編：食品工業におけるカビ汚染対策　光琳（2010）
2) 吉浪誠：日本食品微生物学会雑誌、31(1)、13-19（2014）
3) 高鳥浩介監修：カラー図解カビ苦情・被害マニュアル第1巻　ＮＰＯ法人カビ相談センター（2011）
4) 日本食品衛生協会編：食品・施設 カビ対策ガイドブック（2008）
5) 柴崎勲監修：有害微生物管理技術第Ⅰ巻　フジ・テクノシステム（2000）

第8章　食品汚染カビの実例・第9章　生える前の制御策

1) 食品工業編集部編：食品工業におけるカビ汚染対策　光琳（2010）
2) 吉浪誠：日本食品微生物学会雑誌、31(1)、13-19（2014）
3) 日本食品衛生協会編：食品・施設　カビ対策ガイドブック（2008）
4) 宇田川俊一編：食品のカビ汚染と危害　幸書房（2004）
5) 谷川力編：写真で見る有害生物防除事典　オーム社（2007）

第10章　カビの検査

1) 厚生労働省監修：食品衛生検査指針 微生物編　日本食品衛生協会出版（2015）
2) 日本食品衛生協会編：食品・施設　カビ対策ガイドブック（2008）
3) 宇田川俊一編：食品のカビ汚染と危害　幸書房（2004）
4) 高鳥浩介監修：かび検査マニュアルカラー図譜　テクノシステム（2009）
5) 山里一英監修：微生物の分離法　R＆Dプランニング（1986）
6) 五十君静信、江崎孝行、高鳥浩介、土戸哲明：微生物の簡易迅速検査法　テクノシステム（2013）
7) 高鳥浩介監修：わかりやすいかび検査法と汚染防止対策　テクノシステム（1989）
8) Pitt J.I. and Hocking A.D.* Fungi and Food Spoilage 2nd ed. Aspen Publishers Maryland（1999）
9) Samson R.A ea al：Food and Indoor Fungi CBS Utrecht（2010）

●関連資料

Ⅰ【関連法規等(抜粋)】

・食品衛生法(昭和22年12月24日法律第233号)

〔不衛生な食品又は添加物の販売等の禁止〕

第6条　次に掲げる食品又は添加物は、これを販売し(不特定又は多数の者に授与する販売以外の場合を含む。以下同じ。)、又は販売の用に供するために、採取し、製造し、輸入し、加工し、使用し、調理し、貯蔵し、若しくは陳列してはならない。

一　腐敗し、若しくは変敗したもの又は未熟であるもの。ただし、一般に人の健康を損なうおそれがなく飲食に適すると認められているものは、この限りでない。

二　有毒な、若しくは有害な物質が含まれ、若しくは付着し、又はこれらの疑いがあるもの。ただし、人の健康を損なうおそれがない場合として厚生労働大臣が定める場合においては、この限りでない。

三　病原微生物により汚染され、又はその疑いがあり、人の健康を損なうおそれがあるもの。

四　不潔、異物の混入又は添加その他の事由により、人の健康を損なうおそれがあるもの。

・食品、添加物等の規格基準(昭和34年12月28日厚生省告示第370号)

第1条食品　D各条

1　清涼飲料水の成分規格

(1)　一般規格

1．混濁(原材料として用いられる植物若しくは動物の組織成分、着香若しくは着色の目的に使用される添加物又は一般に人の健康を損なうおそれがないと認められる死滅した微生物(製品の原材料に混入することがやむを得ないものに限る。)に起因する混濁を除く。)したものであってはならない。

2．沈殿物(原材料として用いられる植物若しくは動物の組織成分、着香若しくは着色の目的に使用される添加物又は一般に人の健康を損なうおそれがないと認められる死滅した微生物(製品の原材料に混入することがやむを得ないものに限る。)に起因する沈殿物を除く。)又は固形の異物(原材料として用いられる植物たる固形物でその容量百分率が30%以下であるものを除く。)のあるものであってはならない。

第2添加物　B一般試験法

34．微生物限度試験法

微生物限度試験法は、試料中に存在する増殖能力を有する特定の微生物の定性試験及び定量試験に用いる。本試験法には、生菌数試験(細菌及び真菌)及び大腸菌試験が含まれる。試験を行うに当たっては、外部からの微生物汚染が起こらないように、細心の注意を払う必要がある。また、被検試料が抗菌作用を有する場合又は抗菌作用を持つ物質が混在する場合は、希釈、ろ過、中和又は不活化などの手段によりその影響を除去しなければならない。それぞれの原料又は製品の任意に選択した異なる数箇所から採取したものを混和し、試料として試験を行う。試料を液体培地で希釈する場合は、速やかに試験を行う。また、本試験を行うに当たっては、効果的な精度管理を確保するとともにバイオハザード防止に十分留意する。

1．生菌数試験

本試験は、好気的条件において増殖し得る中温性の細菌及び真菌を測定する試験である。本試験では、低温菌、高温菌、好塩菌、嫌気性菌、特殊な成分を増殖に要求する菌等は、大量に存在していても陰性となることがある。本試験法には、メンブランフィルター法、寒天平板混釈法、寒天平板表面塗抹法及び液体培地段階希釈法(最確数法)の4つの方法がある。試験を行うときは、その目的に応じて適当と思われる方法を用いる。なお、ここに示した方法と同等以上の検出感度及び精度を有する場合は、自動化した方法の適用も可能である。細菌と真菌(かび及び酵母)では使用培地及び培養温度が異なる。液体培地段階希釈法(最確数法)は細菌のみに用い得る試験法である。

試料液の調製

試料の溶解又は希釈には、リン酸緩衝液(pH7.2)、ペプトン食塩緩衝液又は使用する液体培地を用いる。別に規定するもののほか、試料は10g又は10mlを使用する。ただし、試料の性質によっては、これと異なる量のものを使用しなければならない場合がある。試料液は、pH6～8に調整する。試料液は調製後1時間以内に使用しなければならない。

液状試料及び可溶性固形試料：10g又は10mlを量り、上記の緩衝液又は液体培地と混和して100mlとし、試料液とする。不溶性物質を含む液状試料の場合、混和直前によく振り、十分に均一化する。

不溶性固形試料：10ｇを量り、不溶性物質をできるだけ細かく摩砕して、上記の緩衝液又は液体培地中に分散させて100mlとし、試料液とする。ただし、試料の性質によっては、規定された量よりも大量の緩衝液又は液体培地で分散させても差し支えない。必要に応じてブレンダーなどで浮遊液を均一に分散させることも可能である。適当な界面活性剤（例えば、0.1ｗ／ｖ％ポリソルベート80）を加えて乳化させてもよい。

脂質製品：脂質が主要な構成物質である半固形試料及び液状試料などは10ｇ又は10mlを量り、ポリソルベート20又はポリソルベート80のような界面活性剤を用いて、上記の緩衝液又は液体培地中に乳化させて100mlとし、試料液とする。この場合45℃以下の温度であれば加温して乳化させてもよい。ただし、30分間以上試料を加温してはならない。

操作法

(1)　メンブランフィルター法

本試験法は、試料に抗菌性物質が含まれる場合にこれを除去して試験する方法である。メンブランフィルターは、孔径0.45μm以下の適当な材質のものを使用する。フィルターの直径は約50mmのものが望ましいが、異なる直径のものも使用できる。フィルター、フィルター装置、培地などはすべて十分に滅菌されていなければならない。通例、20mlの試料液を量り、２枚のフィルターで10mlずつろ過する。必要に応じて試料液を希釈してもよい。菌濃度が高い場合は、１枚のフィルター当たり10～100個の集落が出現するように希釈することが望ましい。試料液をろ過した後、各フィルターは、ペプトン食塩緩衝液、リン酸緩衝液又は使用する液体培地などを洗浄液として用いて、３回以上ろ過洗浄する。１回のろ過洗浄に使用する洗浄液の量は約100mlとするが、フィルターの直径が約50mmと異なる場合には、大きさに従って洗浄液の量を調整する。脂質を含む試料の場合には、洗浄液にポリソルベート80などを添加してもよい。ろ過後、細菌の試験を行うときはソイビーン・カゼイン・ダイジェスト寒天培地の、真菌の試験を行うときは、通常抗生物質を添加した、サブロー・ブドウ糖寒天培地、ポテト・デキストロース寒天培地又はＧＰ寒天培地のいずれかの表面にフィルターを置く。なお、水分活性の低い食品で発生しやすい好乾菌（乾燥した条件を好むかび）を対象とする場合には、真菌用の培地としてＭ40Ｙ寒天培地、ジクロラン・グリセロール（ＤＧ18）寒天培地等を用いる。細菌の試験は30～35℃で、真菌の試験は20～25℃でそれぞれ少なくとも５日間培養後、集落数を計測する。信頼性の高い集落数の計測値が得られたと判断される場合に限り、培養後５日以前の計測値を用いてもよい。

(2)　寒天平板混釈法

本試験法では、直径９～10cmのペトリ皿を使用する。一希釈段階につき２枚以上の寒天培地を使用する。１mlの試料液又は試料液を希釈した液を無菌的にペトリ皿に分注する。これにあらかじめ45℃以下に保温されて融けた状態にある滅菌した寒天培地15～20mlを加えて混和する。寒天培地としては、細菌の検出を目的とする場合はソイビーン・カゼイン・ダイジェスト寒天培地を、真菌の検出を目的とする場合は、通常抗生物質を添加し、サブロー・ブドウ糖寒天培地、ポテト・デキストロース寒天培地又はＧＰ寒天培地のいずれかを使用する。なお、水分活性の低い食品で発生しやすい好乾菌（乾燥した条件を好むかび）を対象とする場合には、真菌用の培地としてＭ40Ｙ寒天培地、ジクロラン・グリセロール（ＤＧ18）寒天培地等を用いる。寒天の固化後、細菌の試験は30～35℃、真菌の試験は20～25℃でそれぞれ少なくとも５日間培養する。多数の集落が出現するときは、細菌の場合は一平板当たり300個以下の集落を持つ平板から、真菌の場合は一平板当たり100個以下の集落を持つ平板から得られる計測結果を用いて生菌数を算出する。信頼性の高い集落数の計測値が得られたと判断される場合に限り、培養後５日以前の計測値を用いてもよい。

・漬物の衛生規範について（昭和56年９月24日環食第214号）

第５　食品等の取扱い

４　製品（全ての漬物）

(1)　製品は、次の要件に適合するものであること。

①　カビ及び産膜酵母が発生していないこと。

②　異物が混入していないこと。

③　容器包装に充てん後加熱殺菌したものにあっては、次の要件に適合するものであること。（別紙試験法による。）

ア　カビが陰性であること。

イ　酵母は、検体１ｇにつき1000個以下であること。

④　浅漬は、次の要件に適合するものであること。

ア　冷凍食品の規格基準で定められたE.coliの試験法により大腸菌が陰性であること。
イ　ゆでだこの規格基準で定められた腸炎ビブリオの試験法により陰性であること。

別紙試験法　真菌数試験法

1　カビ（陰性であること。）

試料　(1)　パック中の検体すべてを対象とし均質な試料とする。
　　　(2)　供試する量は1検体10 gとする。
　　　(3)　試料希釈液の調製はワーリングブレンダー（ホモジナイザー）を用い、希釈用の滅菌液は、生理食塩水を使用する。

培地　(4)　ポテト・デキストロース寒天培地を使用し、下記の薬品を添加する（1000mlあたり）。
　　　クロラムフェニコール　100mg
　　　培地のpHは5.4に調整する。

方法　(5)　塗抹法による。
　　　(6)　培養の条件は25℃で5～7日間

判定　(7)　カビ集落発生の有無は通常10倍希釈段階の平板各3枚を用いて観察するが、試料の細片（繊維）によって著しく観察が妨げられるときや、保存料など微生物の発育阻止物質が試料中に含まれている場合は、100倍希釈段階の平板を用いて観察してもよい。
　発生した集落は、顕微鏡によってそのものが確かにカビであることを調べる。
　同一希釈段階の平板3枚のすべてにカビの集落が認められなかった場合は、カビ陰性と判定する。
　上記以外の具体的操作については、食品衛生検査指針微生物編準用。

2　酵母（生菌数1000個以下）

試料　(1)　パック中の検体すべてを対象とし均質な試料とする。
　　　(2)　供試する量は1検体10gとする。
　　　(3)　試料希釈液の調製はワーリングブレンダー（ホモジナイザー）を用い、希釈用の滅菌液は、生理食塩水を使用する。

培地　(4)　ポテト・デキストロース寒天培地を使用し、下記の薬品を添加する（1000mlあたり）。
　　　ＮａＣｌ　50 g
　　　クロラムフェニコール　100mg
　　　プロピオン酸ナトリウム　2 g
　　　培地のpHは5.4に調整する。

方法　(5)　塗抹法または混釈平板法による。
　　　(6)　培養の条件は25℃で3～5日間

判定　(7)　計測は10倍、100倍、1000倍各希釈段階につき平板3枚の平均集落数とし、集落数が10～100個の範囲内にある希釈段階の実測値を以て表示する。
　もし10倍希釈で集落数10個以下の場合は＜10×10とし、また1000倍希釈で集落数100個以上の場合は＞100×103として示す。
　上記以外の具体的操作については、食品衛生検査指針微生物編準用。

- **弁当及びそうざいの衛生規範について**（昭和54年6月29日環食第161号）
- **洋生菓子の衛生規範について**（昭和58年3月31日環食第54号）
- **セントラルキッチン／カミサリー・システムの衛生規範について**（昭和62年1月20日衛食第6号）
- **生めん類の衛生規範について**（平成3年4月25日衛食第61号）

上記5つの衛生規範において「作業場内の各作業区域においては、防塵、清掃、消毒その他の措置により、室内環境を清潔に保ち、空気中の浮遊細菌を極力少なくすること。なお、落下細菌数（生菌数）、落下真菌数（カビ及び酵母の生菌数）は、次のようになるようにすることが望ましい。」と記載されている。作業場内の各作業区域と落下真菌（細菌）数との関係及び落下真菌（細菌）の測定方法をまとめて以下に示す。

作業区分の分類	汚染作業区域	準清潔作業区域		清潔作業区域
微生物	汚染落下菌数（生菌数）			落下真菌（カビ、酵母の生菌数）
測定方法	標準寒天平板培地を入れたペトリザラ（直径９～10cm、深さ1.5cm）２～３枚を測定場所（床面から80cmの高さの調理台面等）に置き、ふたをとり５分間水平に静置した後、再び静かにふたをしめて、これを35.0度（上下1.0度の余裕を認める。）の温度で48時間（前後３時間の余裕を認める。）培養し、細菌集落数を算定し、その平均値を求めて、ペトリザラ１枚当たりの５分間の落下細菌数とする。　なお、測定は作業中に行うこと。			バレイショ・ブドウ糖寒天平板培地（クロラムフェニコール又はテトラサイクリン50mgないし100mg／Ｌの量を添加する。）を入れたペトリザラ（直径９～10cm、深さ1.5cm）２～３枚を測定場所（床面から80cmの高さの調理台面等）に置き、ふたをとり、20分間水平に静置した後、再び静かにふたをしめて、これを23度（上下2.0度の余裕を認める。）の温度で７日間培養して培地上に発生する真菌集落数を算定し、その平均値を求めて、ペトリザラ１枚当たりの20分間の落下真菌数とする。なお、測定は作業中に行うこと。
弁当及びそうざいの衛生規範	100個以下	50個以下	30個以下	10個以下
漬物の衛生規範（pH4.5以上の製品を製造）		100個以下	50個以下	10個以下
洋生菓子の衛生規範	100個以下	50個以下	30個以下	10個以下
セントラルキッチン／カミサリーシステムの衛生規範	100個以下	50個以下	30個以下	10個以下
生めん類の衛生規範	100個以下	50個以下	30個以下	10個以下

[その他の関係法規等]

- カビ毒（アフラトキシン）を含有する食品の取り扱いについて（平成14年3月26日　食監発第326001号）
- 小麦のデオキシニバレノールに係る暫定的な基準値の設定について（平成14年5月21日　食発第521001号）
- デオキシニバレノールの試験法について（平成15年7月17日食安発第717001号　厚生労働省医薬食品局　食品安全部長通知）
- 乳及び乳製品の成分規格等に関する省令及び食品、添加物等の規格基準の一部改正について（平成15年11月26日　食安発第1126001号）
- トウモロコシ中のアフラトキシンの試験法について　平成18年7月13日（食発第0713001号）
- 食品衛生検査指針 微生物編2015（公社）日本食品衛生協会発行
- 食品衛生検査指針 理化学編2015（公社）日本食品衛生協会発行
- 乳製品試験法・注解（2010）　日本薬学会編

  真菌試験法
- 衛生試験法・溶解（2010）　日本薬学会編

  1.一般試験法

  1．2．2　真菌

  1．2．2．1　真菌一般試験法

  1．2．2．2　真菌の分離・同定法
- 上水試験方法（2001年版）　日本水道協会

  Ⅷ　微生物試験

  4　障害微生物

  4．4　真菌類
- 日本薬局方15版（2006）　真菌試験法

  第2章　6節　かび定量規格試験

  1．日本薬局方に基づく試験
- かび抵抗性試験方法JIS Z 2911：2000
- Bacteriological Analytical Manual（BAM）January 2001, U. S. Food & Drug　Administration
- Compendium of Methods for the Microbiological Examination of Foods,4th Ed.,2001,American Public Health Association（APHA）
- Standard Methods for the Examination of Water & Wastewater,21stEd.,2005
- Health Products and Food Branch HPB Method MFHPB-32,March 2003,Government of Canada
- International Federation of Fruit Juice Producers（IFU）April　1996

カビからまもる!! ―その知識と対策―

2015年12月1日　初版発行　　定価：本体2,500円＋税

監　修　高鳥　浩介
　　　　諸角　　聖

発行人　桑﨑　俊昭

発行所　公益社団法人日本食品衛生協会

〒150-0001
東京都渋谷区神宮前2-6-1
食品衛生センター
電　話　03-3403-2114(公益事業部推進課)
　　　　03-3403-2122(公益事業部制作課)
FAX　03-3403-2384
E-mail　fukyuuka@jfha.or.jp
　　　　hensyuuka@jfha.or.jp
http://www.n-shokuei.jp/

印刷所　株式会社 太平社

ISBN978-4-88925-077-0　C3045